明日之星教研中心　编著

孩子们的编程书

Python 编程进阶 海龟绘图 上

化学工业出版社
·北京·

内容简介

本书是"孩子们的编程书"系列里的《Python编程进阶：海龟绘图》分册。本系列图书共分6级，每级两个分册，书中内容结合孩子的学习特点，从编程思维启蒙开始，逐渐过渡到Scratch图形化编程，最后到Python编程，通过简单有趣的案例，循序渐进地培养和提升孩子的数学思维和编程思维。本系列图书内容注重编程思维与多学科融合，旨在通过探究场景式软件、游戏开发应用，全面提升孩子分析问题、解决问题的能力，并养成良好的学习习惯，提高自身的学习能力。

本书基于Python语言的海龟绘图（turtle）模块编写而成，上册以海龟绘图基础及简单几何图形为主，主要通过开发有趣的程序引导孩子掌握海龟绘图基础，培养孩子们的编程思维和创新意识；下册以海龟绘图进阶内容和复杂几何图形及游戏设计为主，通过每课完成一个有趣的程序，使孩子能够熟练掌握海龟绘图编程，并能够用编程的思维去解决实际生活中遇到的问题。全书共24课，每课均以一个完整的程序制作为例展开讲解，让孩子们边玩边学，同时结合思维导图的形式，启发和引导孩子们去思考和创造。

本书采用全彩印刷＋全程图解的方式展现，每节课均配有微课教学视频，还提供所有实例的源程序、素材，扫描书中二维码即可轻松获取相应的学习资源，大大提高学习效率。

本书特别适合中小学生进行Python编程初学使用，适合完全没有接触过编程的家长和小朋友一起阅读。对从事编程教育的老师来说，这也是一本非常好的教程，同时也可以作为中小学兴趣班以及相关培训机构的教学用书。

图书在版编目（CIP）数据

Python编程进阶：海龟绘图：上、下/明日之星教研中心编著. —北京：化学工业出版社，2023.1
ISBN 978-7-122-42458-7

Ⅰ.①P… Ⅱ.①明… Ⅲ.①软件工具-程序设计-青少年读物 Ⅳ.①TP311.561-49

中国版本图书馆CIP数据核字（2022）第206029号

责任编辑：雷桐辉 周 红 曾 越　　　　装帧设计：水长流文化
责任校对：宋 夏

出版发行：化学工业出版社（北京市东城区青年湖南街13号 邮政编码100011）
印　　装：中煤（北京）印务有限公司
787mm×1092mm 1/16 印张19 字数266千字 2023年5月北京第1版第1次印刷

购书咨询：010-64518888　　　　　　　　售后服务：010-64518899
网　　址：http://www.cip.com.cn
凡购买本书，如有缺损质量问题，本社销售中心负责调换。

定　　价：108.00元（上、下册）

——写给孩子们的话

嗨，大家好，我是《Python编程进阶：海龟绘图》。当你看到这里的时候，说明你已经欣赏过我漂亮的封面了，但在这漂亮封面的里面，其实有更值得你去发现的内容……

认识我的小伙伴

本书中，我的小伙伴们会在每课前面跟大家见面，有博学的精奇博士、喜欢探索的乐乐、来自仙女星系呆萌的卡洛、来自盾牌座UY正义的圆圆、来自木星生来喜欢创造的木木，以及来自明日之星智慧的小明。

学习中游戏　游戏中学习

"玩游戏咋那么起劲呢，学习就不能像你玩游戏一样吗？""要是孩子学习像玩游戏一样积极该多好啊！"你们的爸爸妈妈是不是也说过类似的话呢？

本书是学习Python语言的turtle（海龟绘图）模块的教材，结合了绘制有趣的几何图形和游戏设计，能让你主动而愉快地学习，而且学习过程中融入了很多编程与数学、英语等知识的应用，读完它，在以后遇到各种问题时，都能冷静分析解决，战胜各种难题！

漫画引入

每课均以精奇博士、乐乐、卡洛、圆圆、木木和小明之间发生的一系列有趣的故事开始，用漫画的形式引入。

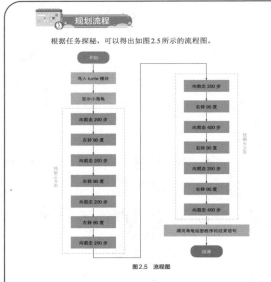

图2.5 流程图

流程清晰

通过对任务的探秘，梳理出流程图，帮你快速理清代码编写的思路。

探索实践

编程实现

创建一个Python文件，在该文件中，按以下步骤编写代码：

第1步 导入turtle和random模块，并显示海龟光标。
第2步 设置窗口大小和位置。
第3步 设置窗口标题，并为窗口设置背景图片。
第4步 调用海龟绘图程序的结束语句。

代码如下：

```
01  import turtle              # 导入海龟绘图模块
02  import random              # 导入随机数模块
03  turtle.shape('turtle')     # 显示海龟光标
04  turtle.setup(width=900, height=500, startx=450, starty=250)
05  turtle.title('百变舞台')   # 设置窗口标题
06  turtle.bgpic('pic/春节.png')   # 设置窗口背景图片
07  turtle.done()              # 海龟绘图程序的结束语句
```

测试程序

多次运行程序，可以发现窗口的背景并没有发生变化。效果如图3.2所示。

手把手教学

本书详细讲解每一个操作步骤，配合详尽的注释，让你知道每一行代码的作用，并能及时看到成果，获得成就感，提升学习兴趣和自信心。

挑战无处不在

学习最重要的是"学会"，书中设计的挑战空间栏目，让你勇于挑战自己，并且可以通过知识卡片巩固学到的内容。

挑战空间

代码找茬

下面的代码用于在屏幕上显示一只小海龟。请找出其中的两处错误，并在右侧横线上写出正确的代码，再上机验证。

```
from turtle import *
jo= turtle.Turtle()
jo.shape('turtle')
jo.done()
```

知识卡片

本书的学习方法

方法1 循序渐进地学习，多动手

本书知识按照从易到难的结构编排，所以我们建议从前往后，并按照每课中的内容循序渐进地学习，并且在学习过程中，一定要多动手实践（本书编程需要在电脑上安装Python，具体下载安装过程请参考上册附录）。

方法2 经常复习，多思考

天才出自勤奋，很少有人能做到过目不忘！只有多温故复习，并且在学习过程中多思考，培养自己的思维能力，久而久之，才能做到"熟能生巧"。

方法4 邀请爸爸妈妈一起参与吧

在学习时，邀请爸爸妈妈一起参与其中吧！本书中提供了运行效果和微课视频，需要配合电子产品使用，这也需要爸爸妈妈的帮助，你才能更好地利用这些资源去学习。

方法3 要有耐心，编程思维并不是一朝形成的

每次学习时间最好控制在60分钟以内，每课可以分为两次学习。编程思维从来不是一朝一夕就能培养成的，唯有坚持，才有可能成就更好的自己。

要感谢的人

在本书编写过程中，我们征求了全国各地很多优秀老师和教研人员的意见，书稿内容由常年从事信息技术教育的优秀教师审定，全书漫画和图画素材由专业团队绘制，在此表示衷心的感谢。

在编写过程中，我们以科学、严谨的态度，力求精益求精，但疏漏之处在所难免，衷心希望您在使用本书过程中，如发现任何问题或者提出改善性意见，均可与我们联系。

▌微信：明日IT部落

▌企业QQ：4006751066

▌联系电话：400-675-1066、0431-84978981

明日之星教研中心

如何使用本书

本书分上、下册，共 24 课，每课基本学习顺序是一样的，先从开篇漫画开始，然后按照任务探秘、规划流程、探索实践、学习秘籍和挑战空间的顺序循序渐进地学习，最后是知识卡片。如果"探索实践"部分内容有些不理解，可以先继续往后学习，等学习完"学习秘籍"的内容后，你就会豁然开朗。学习顺序如下：（本书学习过程中需要使用Python，可以参考上册附录，下载并安装Python。）

小勇士，
快来挑战吧!

开篇漫画
知识导引

任务探秘
任务描述
预览任务效果

规划流程
理清思路

探索实践
编程实现
测试程序
优化程序

学习秘籍
探索知识
学科融合

挑战空间
挑战巅峰

知识卡片
思维导图总结

互动平台——一键扫码、互动学习

微课视频——解除困惑、沉浸式学习

资源结构

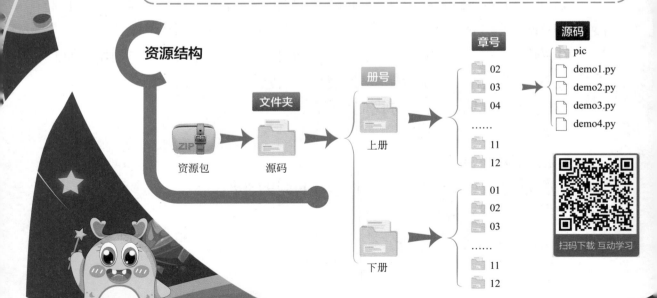

资源包 → 源码

文件夹 源码

册号
上册
下册

章号
02
03
04
……
11
12

01
02
03
……
11
12

源码
pic
demo1.py
demo2.py
demo3.py
demo4.py

扫码下载 互动学习

一天傍晚，依林小镇东方的森林里出现一个深坑，从造型奇特的飞行器中走出几个外星人，来自外太空的卡洛和他的小伙伴们就这样带着对地球的好奇在小镇生活下来。

卡洛（仙女星系）

关键词：机灵 呆萌

来自距地球254万光年的仙女星系，对地球的一切都很感兴趣，时而聪明，时而呆萌，乐于助人。

圆圆（盾牌座UY）

关键词：正义 可爱

来自一颗巨大的恒星：盾牌座UY，活泼可爱，有点娇气，虽然偶尔在学习上犯小迷糊，但正义感十足。

木木（木星）

关键词：爱创造 憨厚

性格憨厚，总因为抵挡不住美食诱惑而闹笑话，但对于数学难题经常有令人惊讶的新奇解法。

小明（明日之星）

关键词：智慧 乐观

充满智慧，学习能力强，总能让难题迎刃而解。精通编程算法，有很好的数学思维和逻辑思维。平时有点小骄傲。

精奇博士（地球）

关键词：博学 慈爱

行走的"百科全书"，无所不知，喜欢钻研。经常教给小朋友做人的道理和有趣的编程、数学知识。

乐乐（地球）

关键词：爱探索 爱运动

依林小镇的小学生，喜欢天文、地理；爱运动，尤其喜欢玩滑板。从小励志成为一名伟大的科学家。

目录

第1课

召唤小海龟

本课学习目标

◆ 了解海龟绘图的坐标系
◆ 实现在屏幕上显示小海龟

扫描二维码
获取本课资源

通过前面的名片，大家应该可以猜出我们要召唤的小海龟的身份了吧，它实际上是Python的内置模块turtle，也就是海龟绘图。在Python中，导入该模块，然后创建一只小海龟，再显示其真面目"🐢"，最后调用海龟绘图程序的结束语句。从而实现打开一个窗口，并且在该窗口中显示一只小海龟。

根据任务探秘，可以得出如图1.1所示的流程图。

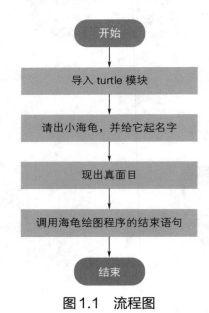

图1.1 流程图

编程实现

创建一个Python文件，在该文件中，按以下步骤编写代码：

第1步 导入turtle模块。

第2步 创建一只小海龟并命名。

第3步 调用海龟绘图程序的结束语句。

代码如下：

```
01  import turtle            # 导入海龟绘图模块
02  jo = turtle.Turtle()     # 创建一只小海龟，命名为jo
03  turtle.done()            # 海龟绘图程序的结束语句
```

说明

在上面的代码中，第2行代码也可替换为："jo = turtle.Pen()"；最后一行也可以替换为"turtle.mainloop()"。

测试程序

运行程序，可以看见在打开窗口的正中间有一个箭头。如图1.2所示。

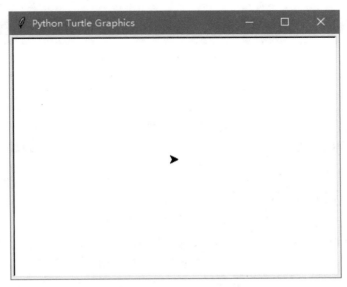

图1.2　在屏幕中心有一个箭头

优化程序

在图1.2中，并没有一只海龟，这是因为在默认情况下，海龟绘图的光标形状为箭头，可以通过海龟的shape()方法进行修改。如果想要修改为海龟形状，可以添加如下代码：

```
jo.shape('turtle')          # 设置为海龟形状
```

再次运行程序，将显示如图1.3所示的效果，箭头变为一只小海龟。

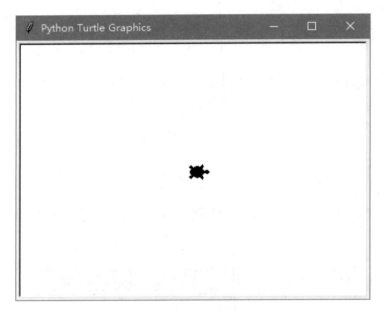

图1.3　改变光标的形状

说明

如果在屏幕上只需要有一只小海龟，那么也可以不创建海龟对象，直接使用turtle作为海龟对象。

修改后的代码如下：

```
01  import turtle              # 导入海龟绘图模块
02  turtle.shape('turtle')     # 设置为海龟形状
03  turtle.done()             # 海龟绘图程序的结束语句
```

import
进口、引进、导入、移入

turtle
乌龟、海龟、（任何种类的）龟

shape
形状、外形、样子、情况、性质

done
完毕、结束、熟了、得体、做、干、办（某事）

导入海龟绘图模块

在使用海龟绘图前需要导入该模块，可以使用以下3种方法中的一种导入。

方法1

```
import turtle
```

通过该方法导入后，需要通过模块名来使用其中的方法、属性等。

方法2

```
import turtle as t
```

通过该方法导入后，可以通过模块别名t来使用其中的方法、属性等。

方法3

```
from turtle import*
```

通过该方法导入后，可以直接使用其中的方法、属性等。

举例： 当屏幕中只有一只海龟时，可以通过下面的代码召唤小海龟。

```
01  from turtle import *        # 导入海龟绘图的全部定义
02  shape('turtle')             # 设置为海龟形状
03  done()                      # 海龟绘图程序的结束语句
```

海龟绘图的坐标系

在学习海龟绘图时，需要先了解海龟绘图的坐标系。海龟绘图采用的是平面坐标系，即画布（窗口）的中心为原点（0，0），横向为 x 轴，纵向为 y 轴。x 轴控制水平位置，y 轴控制垂直位置。例如，一个 400×320 的画布，对应的坐标系如图1.4所示。

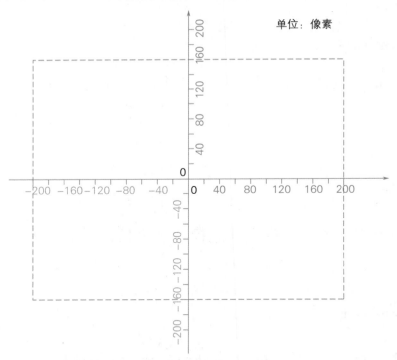

图1.4　海龟绘图坐标系

在图1.4中，绿色虚线框为画布大小。海龟活动的空间为绿色虚线框以内。即 x 轴的移动区间为 $-200 \sim 200$；y 轴的移动区间为 $-160 \sim 160$。同数学中一样，表示海龟所在位置（即某一点）的坐标为 (x, y)。

代码找茬

　　下面的代码用于在屏幕上显示一只小海龟。请找出其中的两处错误，并在右侧横线上写出正确的代码，再上机验证。

```
from turtle import *
jo= turtle.Turtle()
jo.shape('turtle')
jo.done()
```

_____

_____

_____

_____

答案

```
import turtle
jo=turtle.Turtle()
jo.shape('turtle')
turtle.done()
```

知识卡片

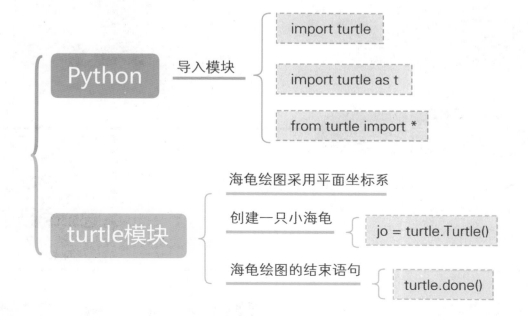

第2课

美妙一笔画

本课学习目标

◆ 掌握在屏幕上画线的方法

◆ 学会在屏幕上绘制矩形、正方形

扫描二维码
获取本课资源

小海龟有一项技能就是在它走过的地方，会留下足迹，即画出图形。根据这项技能，我们只需要控制小海龟沿着图形的边线走一圈，就能画出想要的图形了，见图2.1。

图2.1 小海龟的爬行印迹

从图2.1中小海龟的爬行印迹可以抽象出如图2.2所示的图形。这里涉及两个图形：一个是正方形；一个是长方形（也称为矩形）。下面分别分析其绘制过程。

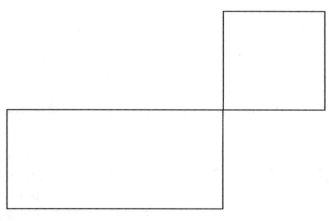

图2.2 抽象图形

正方形

绘制正方形，可以让小海龟在所在位置先沿当前方向前进指定距离（通过 **forward()** 方法实现），然后左转90度（即逆时针方向旋转，通过 **left()** 方法实现），再沿当前方向前进指定距离，再左转90度，再沿当前方向前进指定距离，再左转90度，再沿当前方向前进指定距离。此时，小海龟回到起点，头朝向下方。如图2.3所示。

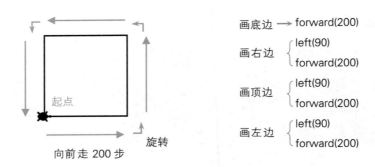

图2.3　绘制正方形示意图

　说明

由于是正方形，边长相等，所以小海龟每次前进的距离都相同。

长方形

　　绘制图2.4所示的长方形，可以让小海龟在所在位置先沿当前方向（向下方）前进指定距离，然后右转90度（即顺时针方向旋转，通过 **right()** 方法实现），再沿当前方向前进指定距离，再右转90度，再沿当前方向前进指定距离，再右转90度，再沿当前方向前进指定距离。此时，小海龟回到起点，头朝向右方。如图2.4所示。

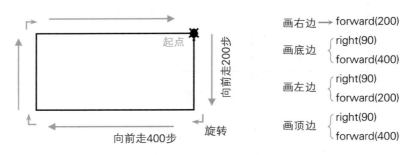

图2.4　绘制正方形示意图

说明

　　由于是长方形，对边的边长相等，所以小海龟向下和向上前进的距离相同；向左和向右前进的距离相同。

规划流程

　　根据任务探秘，可以得出如图2.5所示的流程图。

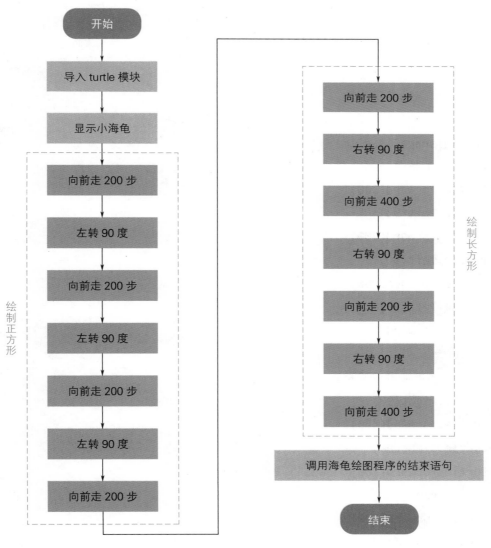

图2.5　流程图

编程实现

创建一个Python文件，在该文件中，按以下步骤编写代码：

第1步 导入turtle模块。

第2步 显示海龟光标。

第3步 绘制正方形和长方形。

第4步 调用海龟绘图程序的结束语句。

代码如下：

```python
01  import turtle              # 导入海龟绘图模块
02  turtle.shape('turtle')     # 显示海龟光标
03  # 绘制正方形
04  turtle.forward(200)
05  turtle.left(90)
06  turtle.forward(200)
07  turtle.left(90)
08  turtle.forward(200)
09  turtle.left(90)
10  turtle.forward(200)
11  # 绘制长方形
12  turtle.forward(200)
13  turtle.right(90)
14  turtle.forward(400)
15  turtle.right(90)
16  turtle.forward(200)
17  turtle.right(90)
18  turtle.forward(400)
19  turtle.done()              # 海龟绘图程序的结束语句
```

测试程序

运行程序，在打开的窗口中，可以看见一只小海龟不停地爬行、转弯，直到在屏幕上画出一个正方形和一个长方形才停止。如图2.6所示。

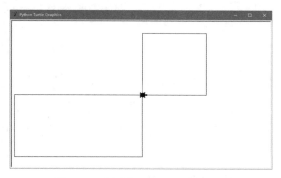

图2.6 绘制正方形和长方形

优化程序

在绘制正方形时，我们共进行了3次同样的动作，即向前走200步，逆时针旋转90度。对于这样的代码，我们可以通过循环语句来简化它。这里我们可以使用for循环让向前走200步和逆时针旋转90度这组动作重复执行3次，修改后的代码如下：

```
01  import turtle              # 导入海龟绘图模块
02  turtle.shape('turtle')    # 显示海龟光标
03  # 绘制正方形
04  for i in range(3):
05      turtle.forward(200)
06      turtle.left(90)
07  turtle.forward(200)
08  # 绘制长方形
09  turtle.forward(200)
10  turtle.right(90)
11  turtle.forward(400)
12  turtle.right(90)
13  turtle.forward(200)
14  turtle.right(90)
15  turtle.forward(400)
16  turtle.done()             # 海龟绘图程序的结束语句
```

再次运行程序，效果与图2.6相同。

思考

有兴趣的同学可以想一想，上面的代码还能再简化吗？如果能，代码应该怎样修改？

至此，我们已经控制小海龟绘制了正方形和长方形，但是目前的线条比较细，我们能不能让它变粗呢？答案是肯定的。我们可以改变线条的粗细，也就是在第2行代码的下方添加以下代码。

```
turtle.pensize(20)  # 设置线的粗细为20像素
```

再次运行程序，效果如图2.7所示。

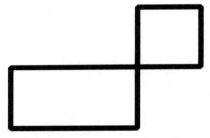

图2.7　粗线条绘制正方形和长方形

forward	**left**
向前、前进、进展、向将来、前面的	左边、左转弯、向左、离开(某人或某处)
right	
右边、右转弯、向右、正确的、版权	

让小海龟前进

功能：让小海龟在当前朝向上前进。

语法：

```
turtle.forward(distance)
```

distance：一个数值，用来指定小海龟前进的距离，方向为海龟的朝向。

举例：让小海龟前进200步，1步对应1像素，代码如下：

```
turtle.forward(200)
```

像素：我们在计算机中看到的图像都是由很多个不同颜色的小方格组成的。每一个小方格就是一个像素。

forward()方法也可以简化为fd()。例如，上面的代码可以简化为：
```
turtle.fd(200)
```

让小海龟逆时针旋转（左转）

功能：让小海龟逆时针旋转（左转）指定角度。旋转的方向及角度如图2.8所示。

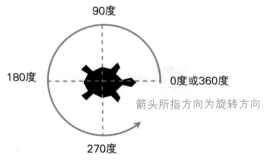

图2.8　左转示意图

语法：

```
turtle.left(angle)
```

angle：一个数值，用来指定小海龟旋转的角度。

举例： 让小海龟左转90度，代码如下：

```
turtle.left(90)
```

 说明

left()方法也可以简化为lt()。例如，上面的代码可以简化为：

```
turtle.lt(90)
```

 乐乐，我发现0度和360度是一个位置，是不是用哪个都行，没有什么区别呀？

不是呀！0度和360度是有区别的：0度时，小海龟没有变化；360度时，小海龟会旋转一圈，头朝向原来的方向。另外，如果超过360度，小海龟在旋转一周后继续旋转，直到达到要旋转的度数。

让小海龟顺时针旋转（右转）

功能： 让小海龟顺时针旋转（右转）指定角度。旋转的方向及角度如图2.9所示。

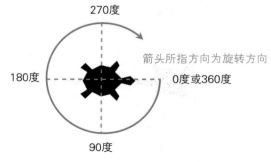

图2.9　右转示意图

语法：

```
turtle.right(angle)
```

举例： 让小海龟右转90度，代码如下：

```
turtle.right(90)
```

 说明

right()方法也可以简化为rt()。例如，上面的代码可以简化为：

```
turtle.rt(90)
```

设置画笔粗细

功能： 获取或设置画笔线条的粗细。海龟绘图中，画笔线条默认粗细为1像素。

语法：

```
turtle.pensize(width)
```

width： 可选参数，如果不指定，则获取当前画笔的粗细，否则使用设置的值改变画笔的粗细。

举例： 将线的粗细设置为5像素，代码如下：

```
turtle.pensize(5)              # 设置线的粗细为5像素
```

 说明

pensize()方法也可以使用width()方法代替。例如，上面的代码可以修改为：

```
turtle.width(5)                # 设置线的粗细为5像素
```

💻 **任务一：让小海龟留下Z字形足迹**

本任务要求应用海龟绘图模块让一只小海龟在沙滩上留下Z字形足迹，效果如图2.10所示。（提示：可以通过前进和旋转实现。）

💻 **任务二：绘制一个小于号**

本任务要求应用海龟绘图模块绘制一个小于号"<"，效果如图2.11所示。（提示：可以通过前进和旋转实现）。

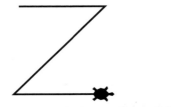

图2.10　让小海龟留下Z字形足迹　　　　图2.11　绘制一个小于号

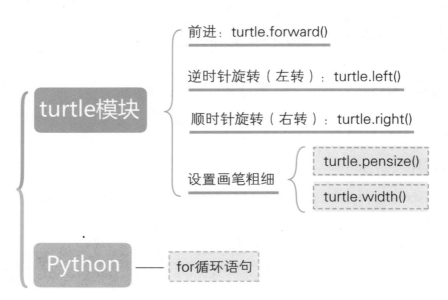

知识卡片

turtle模块
- 前进：turtle.forward()
- 逆时针旋转（左转）：turtle.left()
- 顺时针旋转（右转）：turtle.right()
- 设置画笔粗细
  - turtle.pensize()
  - turtle.width()

Python —— for循环语句

百变舞台

乐乐，我发现你们国家的非物质文化遗产很有特色。

你知道川剧吗？它里面有个绝技"变脸"！

不知道呀。

很神奇的，我家里有一个变脸的玩具，我拿给你。

太好了，谢谢你！

这真可谓是一秒翻脸呀！它是怎么做到的？

这是个秘密，哈哈哈……还是让小海龟给你演示百变舞台吧！

本课学习目标

◆ 掌握如何设置窗口的尺寸和初始位置

◆ 学习如何设置窗口标题

◆ 学习如何设置窗口的背景图片

扫描二维码
获取本课资源

我们知道在海龟绘图中，小海龟出现时，会有一个白色背景的窗口，这个窗口就是小海龟作画的舞台，我们可以随意装扮它。例如，指定舞台的大小和位置，还可以给它起个名字，如果想要把它装扮得漂亮一些，还可以给它设置背景图片等。

指定舞台的大小和位置：实际上是设置打开的绘图窗口的大小和位置，在海龟绘图中，可以通过 **setup()** 方法实现。

起名字：可以通过海龟绘图的 title() 方法实现。

设置随机变换的背景：通过海龟绘图的 **bgpic()** 方法可以设置窗口的背景。如果想实现随机变换的背景，可以借助Python的随机数模块 random 的 **choice()** 方法实现。使用该方法从给定的背景图片名称列表中随机选取一个作为背景图片即可。

根据任务探秘，可以得出如图3.1所示的流程图。

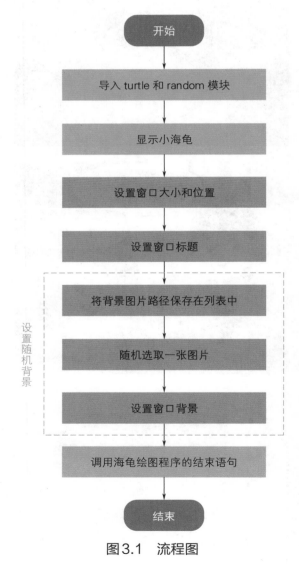

图3.1　流程图

编程实现

创建一个Python文件，在该文件中，按以下步骤编写代码：

第1步 导入 turtle 和 random 模块，并显示海龟光标。

第2步 设置窗口大小和位置。

第3步 设置窗口标题，并为窗口设置背景图片。

第4步 调用海龟绘图程序的结束语句。

代码如下：

```
01  import turtle               # 导入海龟绘图模块
02  import random               # 导入随机数模块
03  turtle.shape('turtle')      # 显示海龟光标
04  turtle.setup(width=900, height=500, startx=450, starty=250)
05  turtle.title('百变舞台')      # 设置窗口标题
06  turtle.bgpic('pic/春节.png')        # 设置窗口背景图片
07  turtle.done()               # 海龟绘图程序的结束语句
```

测试程序

多次运行程序，可以发现窗口的背景并没有发生变化。效果如图3.2所示。

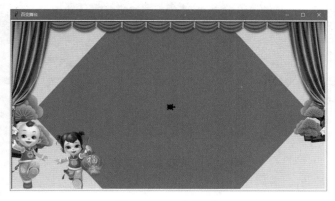

图3.2　百变舞台

优化程序

　　由于上面程序并没有实现百变舞台的效果。这是因为我们没有将窗口的背景图片设置为随机获取的。要实现这一效果，需要先定义一个保存图片文件路径的列表，再应用random模块的choice()方法随机选择一项，最后将选择的图片设置为窗口的背景图片。修改后的代码如下：

```
01  import turtle              # 导入海龟绘图模块
02  import random              # 导入随机数模块
03  turtle.shape('turtle')     # 显示海龟光标
04  turtle.setup(width=900, height=500, startx=450, starty=250)
05  turtle.title('百变舞台')    # 设置窗口标题
06  # 定义保存图片路径的列表
07  arena = ['pic/春节.png','pic/清明节.png','pic/端午节.png','pic/中秋节.png']
08  now = random.choice(arena)  # 从列表中随机选择一项
09  turtle.bgpic(picname=now)   # 设置窗口背景图片
10  turtle.done()              # 海龟绘图程序的结束语句
```

　　多次运行程序，可以看到不同背景的窗口，并且在窗口正中央有一只小海龟。效果如图3.3～图3.6所示。

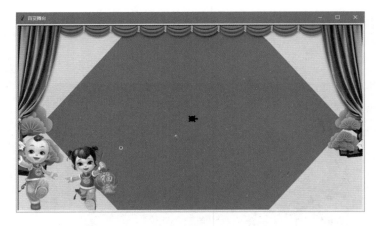

图3.3　百变舞台之春节

图3.4　百变舞台之清明节

图3.5　百变舞台之端午节

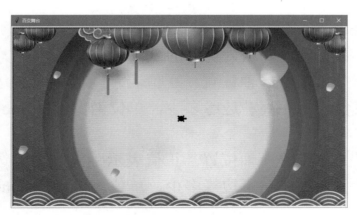

图3.6　百变舞台之中秋节

setup	width
安装、设置	宽度、广度
height	**title**
身高、高、高度、高地	标题、名称、题目、头衔、职称、冠军

设置窗口的尺寸和初始位置

功能：设置海龟绘图窗口的尺寸和初始位置。

语法：

```
turtle.setup(width="width", height="height", startx="leftright", starty="topbottom")
```

width：设置窗口的宽度。整数值表示大小为多少，单位为像素；浮点数表示屏幕占比，默认为屏幕的50%。

height：设置窗口的高度。整数值表示大小为多少，单位为像素；浮点数表示屏幕占比，默认为屏幕的50%。

startx：设置窗口的x轴位置。正值表示距离屏幕左边缘多少，单位为像素；负值表示距离右边缘多少，单位为像素；None表示窗口水平居中。

starty：设置窗口的y轴位置。正值表示距离屏幕上边缘多少，单位为像素；负值表示距离下边缘多少，单位为像素；None表示窗口垂直居中。

举例：设置窗口宽度为400，高度为300，距离屏幕左边缘50像素，上边缘30像素，代码如下：

```
turtle.setup(width=400, height=300, startx=50, starty=30)
```

设置宽度和高度都为屏幕的80%（程序中设为".8"表示0.8，即80%），并且位于屏幕中心，代码如下：

```
turtle.setup(width=.8, height=.8, startx=None, starty=None)
```

 说明

如果想让窗口位于屏幕中心，也可以省略startx和starty参数，即直接使用下面的代码：

```
turtle.setup(width=.8, height=.8)
```

设置窗口标题

功能：为海龟绘图窗口设置新的标题。

语法：

```
turtle.title(titlestring)
```

titlestring：用于指定标题文字。

举例：将海龟绘图窗口的标题设置为"绘制第一只海龟"，代码如下：

```
turtle.title('绘制第一只海龟')
```

运行结果如图3.7所示。

图3.7 设置窗口的标题

设置窗口的背景图片

功能： 为海龟绘图窗口设置背景为指定的图片。

语法：

```
turtle.bgpic(picname)
```

picname：用于指定背景图片的路径。可以使用相对路径或者绝对路径。

举例： 将要作为背景的图片放置在与Python文件相同的路径下，名称为mrbg.png，那么可以使用下面的代码将其设置为窗口的背景。

```
turtle.bgpic('mrbg.png')
```

效果如图3.8所示。

图3.8　为窗口设计背景

路径：文件路径就是计算机中文件保存的位置。

相对路径：相对路径是指从当前路径开始的路径，只通过它不能直接找到文件的位置，还需要依靠当前路径。

绝对路径：绝对路径是指文件的完整路径，通过它就可以找到文件的位置。

列表：在Python中，列表是由一系列按特定顺序排列的元素组成，这些元素放在一对中括号"[]"中，使用逗号","分隔。

随机获取一个元素

功能：从列表中返回一个随机元素。

语法：

```
random.choice(seq)
```

seq：表示需要随机抽取的列表，该列表不能为空列表。

返回值：从列表中返回一个随机元素。

举例：从保存水果英文单词的列表中，随机选择一个单词，代码如下：

```
import random                          # 导入随机数模块
random.choice(['apple','orange','banana']) # 从列表中随机选择一个单词
```

任务一：创建一个占满整个屏幕的窗口

本任务要求创建一个占满整个屏幕的窗口，并且设置窗口标题为"我是全屏的！"。

任务二：创建公筷公勺倡议窗口

本任务要求创建一个公筷公勺倡议窗口，要求窗口标题为"公筷公勺从我做起"，窗口大小为800×800，效果如图3.9所示。

图3.9　创建公筷公勺倡议窗口

设置窗口的尺寸、颜色和初始位置 ┤ turtle.setup()

turtle模块 {

设置窗口标题：turtle.title()

设置背景图片：turtle.bgpic()

Python {

列表

随机获取一个元素：random.choice()

给点颜色看看

这里真是太美了，鸟语花香、五彩缤纷。

当然能啦！

你看我们生活在五彩缤纷的世界里，小海龟能画出带颜色的线条吗？

你看，这个双子星彩虹隧道，就是小海龟画的。

嗯，真漂亮！

走吧，去我家，我让小海龟给你们演示。

它是怎么做到的，快教教我们吧！

本课学习目标

◆ 了解颜色值，知道常用的几种颜色值

◆ 学习如何设置窗口的背景

◆ 掌握如何设置画笔的颜色

扫描二维码
获取本课资源

任务探秘

本课将要绘制两条双子星彩虹隧道，如图4.1所示。

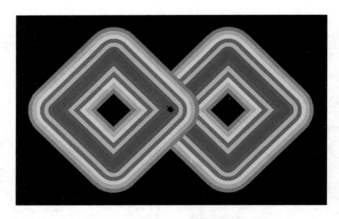

图4.1　两条双子星彩虹隧道

从图4.1可以看出，实现该任务可以通过以下两个步骤完成。

设置背景颜色：海龟绘图默认的窗口背景颜色为白色，可以通过
bgcolor()方法进行修改。

绘制彩色的正方形：通过前面的学习，我们知道，绘制正方形
时，可以通过画线实现。因此，想要绘制彩色边框的正方形（即彩虹
隧道），就可以通过改变线条的颜色实现。改变线条的颜色可以通过
pencolor()方法实现。具体的绘制步骤分解图如图4.2所示。

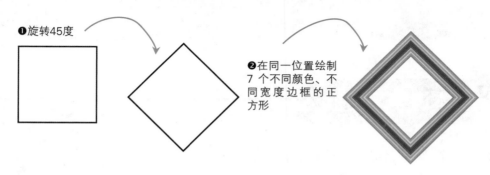

❶旋转45度

❷在同一位置绘制
7个不同颜色、不
同宽度边框的正
方形

图4.2　绘制一个彩色正方形步骤分解图

另外，为了让同学们看清具体的绘制过程，下面给出组成一个彩
色正方形的7个正方形的拆解示意图，如图4.3所示。

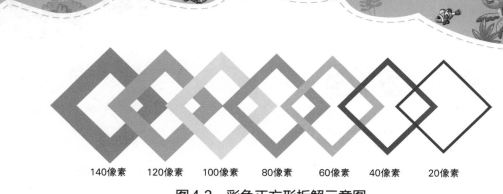

140像素　120像素　100像素　80像素　60像素　40像素　20像素

图4.3　彩色正方形拆解示意图

如图4.4所示为本课的流程图。

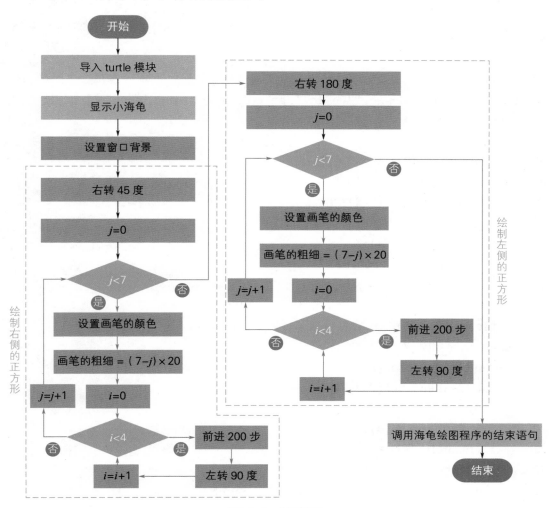

图4.4　流程图

编程实现

创建一个Python文件，在该文件中，按以下步骤编写代码：

第1步 导入turtle模块，并显示海龟光标。

第2步 设置窗口背景为黑色。

第3步 绘制左右两个彩色边框的正方形。

第4步 调用海龟绘图程序的结束语句。

代码如下：

```
01  import turtle              # 导入海龟绘图模块
02  turtle.shape('turtle')    # 显示海龟光标
03  turtle.bgcolor('black')   # 设置背景颜色为黑色
04  color = ['red','orange','yellow','green','cyan','blue','purple']  # 颜色列表
05  # 绘制右侧的正方形
06  turtle.right(45)          # 向右旋转45度
07  for j in range(7):
08      turtle.pencolor(color[j])
09      turtle.pensize((7-j)*20)
10      # 绘制正方形
11      for i in range(4):
12          turtle.forward(200)
13          turtle.left(90)
14  # 绘制左侧的正方形
15  turtle.right(180)         # 向右旋转180度
16  for j in range(7):
17      turtle.pencolor(color[j])
18      turtle.pensize((7-j)*20) # 改变画笔的粗细
19      # 绘制正方形
20      for i in range(4):
21          turtle.forward(200)
22          turtle.left(90)
23  turtle.done()            # 海龟绘图程序的结束语句
```

测试程序

运行程序，在打开的窗口中，可以看见一只小海龟不停地爬行、转弯，直到在屏幕上画出如图4.5所示的双子星彩虹隧道停止。

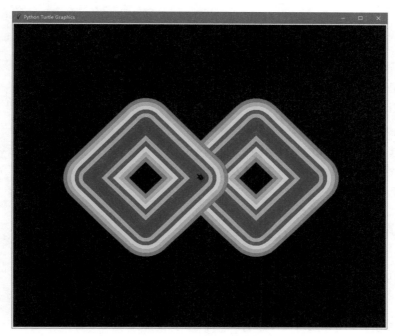

图4.5　双子星彩虹隧道

优化程序

在本程序中，我们可以发现，颜色列表元素的个数与小正方形的个数相同，这里都是7。那么，我们可以将这个数字7修改为变量，让它与颜色列表的元素个数相同，这样就可以根据颜色列表的值来随时绘制彩色正方形了。修改后的代码如下：

```
01  import turtle                # 导入海龟绘图模块
02  turtle.shape('turtle')       # 显示海龟光标
03  turtle.bgcolor('black')      # 设置背景颜色为黑色
04  color = ['red','orange','yellow','green','cyan','blue','purple'] # 颜色列表
05  num = len(color)             # 获取列表中元素的个数
06  # 绘制右侧的正方形
07  turtle.right(45)             # 旋转45度
```

```
08  for j in range(num ):
09      turtle.pencolor(color[j])
10      turtle.pensize((num -j)*20)
11      # 绘制正方形
12      for i in range(4):
13          turtle.forward(200)
14          turtle.left(90)
15  # 绘制左侧的正方形
16  turtle.right(180)
17  for j in range(num ):
18      turtle.pencolor(color[j])
19      turtle.pensize((num -j)*20) # 改变画笔的粗细
20      # 绘制正方形
21      for i in range(4):
22          turtle.forward(200)
23          turtle.left(90)
24  turtle.done()                    # 海龟绘图程序的结束语句
```

运行程序，将看到如图4.5相同的效果。

学习秘籍

英语角

pen
笔、钢笔、围栏、写、圈起来

range
范围、一系列、区间、类、山脉、
牧场、徘徊

color
颜色、彩色、脸色、特色、着色、
渲染

海龟绘图中的颜色值

颜色就是我们的眼、脑对光产生的视觉效应。在计算机中，颜色由红色、绿色、蓝色三原色混合而成，当它们发生不同比例混合时，就会产生不一样的颜色效果。因此，红色（red，简称R）、绿色（green，简称G）和蓝色（blue，简称B）也被称为"光学三原色"。如图4.6所示。

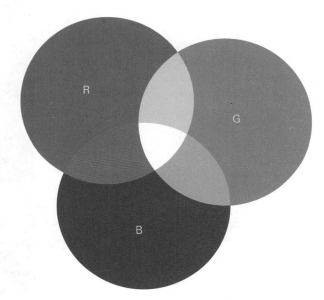

图4.6 光学三原色示意图

> **说明**
>
> 红色、绿色和蓝色是光学三原色，即我们在计算机中使用的三原色，而在美术中，红色、黄色和蓝色称为三原色，这三种颜色被称为"美术三原色"。

通常情况下，我们使用255模式的颜色值，也就是通过指定某一种颜色对应的红色、绿色和蓝色的值（也称为RGB值）来代表这种颜色。其中，红色、绿色和蓝色的取值范围是0~255。例如，255,0,0代表红色；255,255,0代表黄色。

在海龟绘图中，可以使用英文颜色名称，也可以使用255模式的颜色值。常用的颜色值如表4.1所示。

表4.1　常用的颜色值

中文颜色	英文颜色	255 模式颜色值	颜色
粉红	pink	255,192,203	
深粉色	deeppink	255,20,147	
紫色	purple	128,0,128	
纯蓝色	blue	0,0,255	
宝蓝色	royalblue	65,105,225	
天蓝色	skyblue	135,206,235	
蓝绿色 / 青色	cyan	0,255,255	
深石板灰色 / 墨绿色	darkslategray	47,79,79	
淡绿色	lightgreen	144,238,144	
绿黄色	lime	0,255,0	
纯绿色	green	0,128,0	
纯黄色	yellow	255,255,0	
橙色	orange	255,165,0	
纯红色	red	255,0,0	
棕色	brown	165,42,42	
浅灰色	lightgray	211,211,211	
灰色	gray	128,128,128	
纯黑色	black	0,0,0	
纯白色	white	255,255,255	

设置窗口的背景颜色

功能：改变其背景颜色。海龟绘图的主窗口默认的背景颜色为白色。

语法：

```
turtle.bgcolor(colorstring)
```

colorstring：一个颜色字符串（可以使用英文颜色名，常用的英文颜色名如表4.1所示），也可以是0~255之间的代表R，G，B颜色值的

3个数值，中间用逗号分隔。

> **说明**
>
> 在使用代码R、G、B颜色值时，需要先设置颜色模式为255，代码如下：
>
> turtle.colormode(255)
>
> 执行上面代码后，colorstring参数可以设置为"(192,255,128)"或者"192,255,128"。

举例：设置窗口背景颜色为淡绿色，可以使用下面的代码：

```
turtle.bgcolor('lightgreen')
```

或者使用下面的代码：

```
01  turtle.colormode(255)        # 设置颜色模式
02  turtle.bgcolor(144,238,144)
```

设置画笔颜色（一）

功能：修改画笔的颜色，同时画笔外轮廓会添加一圈所指定颜色，但是内部还是默认的黑色。

语法：

```
turtle.pencolor(colorstring)
```

colorstring：一个颜色字符串（可以使用英文颜色名，常用的英文颜色名如表4.1所示），也可以是0~255之间的代表R、G、B颜色值的3个数值，中间用逗号分隔。

> **说明**
>
> 关于颜色的具体取值请参见bgcolor()方法。

举例：设置画笔颜色为红色，并且让海龟向前移动100像素，可以使用下面的代码：

```
01  import turtle              # 导入海龟绘图模块
02  turtle.pencolor('red')
03  turtle.forward(100)
04  turtle.done()             # 海龟绘图程序的结束语句
```

或者使用下面的代码：

```
01  import turtle              # 导入海龟绘图模块
02  turtle.colormode(255)     # 设置颜色模式
03  turtle.pencolor(255,0,0)
04  turtle.forward(100)
05  turtle.done()             # 海龟绘图程序的结束语句
```

运行上面两段代码中任何一段，都将显示如图4.7所示的结果。

图4.7　使用pencolor()方法设置画笔的颜色

设置画笔颜色（二）

功能：获取或修改画笔的颜色，当只有一个颜色值时，整个画笔均为所设置的颜色。

语法：

turtle.color(colorstring1,colorstring2)

colorstring1：该参数值与pencolor()方法的完全相同，这里不再赘述。

colorstring2：可选参数，用于指定填充颜色。当存在该参数时，colorstring1用于指定轮廓颜色。例如，"turtle.color('red','yellow')"表示轮廓颜色为红色，填充颜色为黄色。

举例： 使用color()方法设置画笔颜色为红色，并且让海龟向前移动100像素，可以使用下面的代码：

```
01  import turtle           # 导入海龟绘图模块
02  turtle.color('red')
03  turtle.forward(100)
04  turtle.done()           # 海龟绘图程序的结束语句
```

运行结果如图4.8所示。对比图4.7与图4.8可以看出pencolor()方法与color()方法的区别。

图4.8　使用color()方法设置画笔的颜色

思考

结合前面所学，说一说pencolor()方法与color()方法的区别是什么？

设置画笔轮廓颜色为红色，填充颜色为黄色，并且让海龟向前移动100像素代码如下：

```
01  import turtle                      # 导入海龟绘图模块
02  turtle.color('red','yellow')
03  turtle.forward(100)
04  turtle.done()                      # 海龟绘图程序的结束语句
```

运行结果如图4.9所示。

图4.9 分别设置轮廓和填充颜色

挑战空间

💻 **任务一：绘制由10种颜色组成的双子星彩虹隧道**

本任务要求根据本课所学实例，绘制由10种颜色组成的双子星彩虹隧道，效果如图4.10所示。

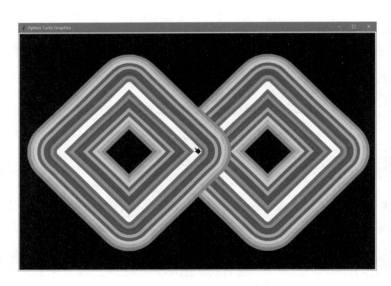

图4.10 绘制由10种颜色组成的双子星彩虹隧道

💻 **任务二：绘制彩色回文图案**

本任务要求应用海龟绘图模块绘制一个彩色的回文图案，效果如图4.11所示。（提示：线条的颜色随机。）

图4.11　绘制彩色回文图案

知识卡片

turtle模块
- 颜色值
  - 英文颜色名称
  - 255模式的颜色值
- 改变背景颜色：bgcolor()
- 设置颜色模式：colormode()
- 设置画笔颜色
  - pencolor()
  - color()

Python
- 循环语句：for
- 列表

会飞的海龟

 本课学习目标

◆ 掌握如何抬笔

◆ 掌握如何落笔

◆ 学习如何画不连续的线

扫描二维码
获取本课资源

任务探秘

本课我们想要画一个如图5.1所示的立方体的透视图，我们的小海龟能一笔画出来吗？如果一笔画不出来，怎样才能画出来呢？

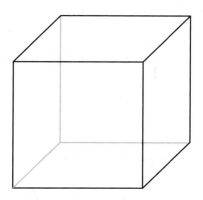

图5.1　立方体透视图

这个问题可以归纳为七桥问题，即一笔画问题。那么，该如何判断一幅图能不能一笔画成呢？主要从以下两方面判断：

● 图形中所有的线必须是连续的，因为笔不离纸，如果一个图形由两个断开的部分组成，那么该图肯定不能一笔画成。

● 凡是图形中奇数点（即从这一点引出的线的数量为奇数）的个数多于两个时，该图肯定不能一笔画成。

在上面的图形中，有8个点，都是奇数点，所以该图不能一笔画成。当涉及多笔绘制图形时，我们就需要用到小海龟的另一项技能——"飞"来实现了。

说明

所谓"飞"就是指在小海龟移动时不画线，等需要画线时再画线。这可以通过penup()方法（抬笔，不画线）和pendown()方法（落笔，画线）来实现。

具体该怎样画该立方体透视图呢？可以先借助方格图和数对（也称为坐标）来确定每个顶点的位置，然后再规划绘制线路。如图5.2所示为在方格图中绘制的立方体透视图及每个顶点对应的数对。

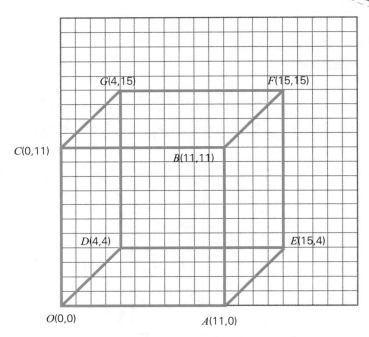

图5.2　在方格图中绘制立方体透视图

根据图5.2可以总结出绘制该立方体透视图的4条路径：

- ● $O \rightarrow A \rightarrow B \rightarrow C \rightarrow O \rightarrow D \rightarrow E \rightarrow F \rightarrow G \rightarrow D$
- ● $A \rightarrow E$
- ● $B \rightarrow F$
- ● $C \rightarrow G$

在前面的学习中，我们都是通过控制小海龟前进来实现画线的，这时我们只需要指定移动的距离。但是从图5.2可以看出，要通过这种方法实现，我们需要分别计算每条线段的长度，当出现斜线时，根据我们现在掌握的知识，就有点困难了。其实，也没有这么麻烦，海龟绘图为我们提供了goto()方法，它可以直接指定位置数对（也称为坐标）。

思考

绘制图5.2所示的立方体透视图，不只上面一种路径可以实现，同学们想一想，还有哪些路径可以实现？

根据任务探秘，能知道要绘制立方体透视图，可以按照所规划的线路，顺序编写相应的代码即可。具体的实现流程如图5.3所示。

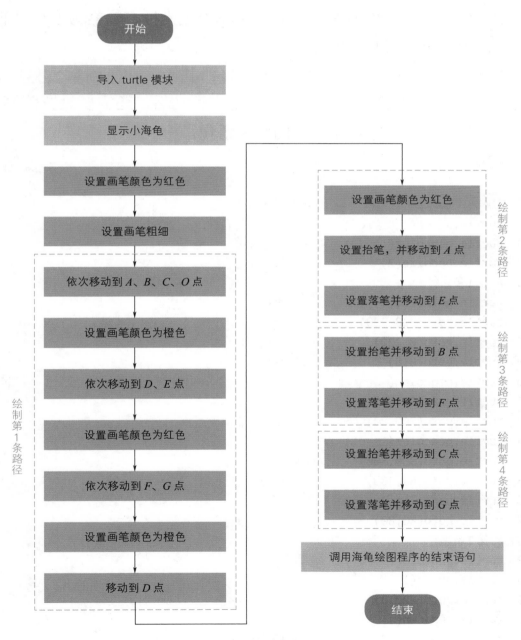

图5.3　流程图

编程实现

创建一个Python文件，在该文件中，按以下步骤编写代码：

第1步 导入turtle模块，并设置显示海龟光标、画笔颜色和粗细。

第2步 绘制第1条路径。

第3步 分别绘制第2、3、4条路径，其中，在绘制第2、3、4条路径时，向起始点移动前，需设置抬笔，移动后，还需要设置落笔。

第4步 调用海龟绘图程序的结束语句。

代码如下：

```
01 import turtle              # 导入海龟绘图模块
02 turtle.shape('turtle')    # 显示海龟光标
03 turtle.pencolor('red')    # 设置画笔为红色
04 turtle.pensize(2)         # 设置画笔粗细
05 # 第1条路径
06 turtle.goto(220,0)        # 移动到A点
07 turtle.goto(220,220)      # 移动到B点
08 turtle.goto(0,220)        # 移动到C点
09 turtle.goto(0,0)          # 移动到O点
10 turtle.pencolor('orange')
11 turtle.goto(80,80)        # 移动到D点
12 turtle.goto(300,80)       # 移动到E点
13 turtle.pencolor('red')
14 turtle.goto(300,300)      # 移动到F点
15 turtle.goto(80,300)       # 移动到G点
16 turtle.pencolor('orange')
17 turtle.goto(80,80)        # 移动到D点
18 # 第2条路径
19 turtle.pencolor('red')
20 turtle.penup()
21 turtle.goto(220,0)        # 移动到A点
22 turtle.pendown()
23 turtle.goto(300,80)       # 移动到E点
```

```
24    # 第3条路径
25    turtle.penup()
26    turtle.goto(220,220)          # 移动到B点
27    turtle.pendown()
28    turtle.goto(300,300)          # 移动到F点
29    # 第4条路径
30    turtle.penup()
31    turtle.goto(0,220)            # 移动到C点
32    turtle.pendown()
33    turtle.goto(80,300)           # 移动到G点
34    turtle.done()                 # 海龟绘图程序的结束语句
```

 说明

为了更好地体现透视效果，我们可以将视觉上不可见的3条线设置为橙色。

测试程序

运行程序，在打开的窗口中，可以看见一只小海龟不停地爬行，直到在屏幕上画出如图5.4所示的立方体透视图。

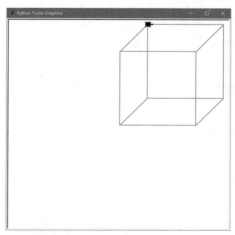

图5.4　立方体透视图

优化程序

在本程序中，绘制立方体透视图时，我们直接根据方格图中的

数对计算出每个点的坐标位置。这样做不利于程序的变通。其实，可以设置一个变量num，记录单位距离（即方格图中一个格代表的像素值），然后将**goto()**方法中的两个参数分别用数对中的值乘以num变量。修改后的代码如下：

```
01  import turtle               # 导入海龟绘图模块
02  turtle.shape('turtle')      # 显示海龟光标
03  turtle.pencolor('red')      # 设置画笔为红色
04  turtle.pensize(2)           # 设置画笔粗细
05  num = 30                    # 单位距离
06  # 第1条路径
07  turtle.goto(num*11,0)           # 移动到A点
08  turtle.goto(num*11,num*11)      # 移动到B点
09  turtle.goto(0,num*11)           # 移动到C点
10  turtle.goto(0,0)                # 移动到O点
11  turtle.pencolor('orange')
12  turtle.goto(num*4,num*4)        # 移动到D点
13  turtle.goto(num*15,num*4)       # 移动到E点
14  turtle.pencolor('red')
15  turtle.goto(num*15,num*15)      # 移动到F点
16  turtle.goto(num*4,num*15)       # 移动到G点
17  turtle.pencolor('orange')
18  turtle.goto(num*4,num*4)        # 移动到D点
19  # 第2条路径
20  turtle.pencolor('red')
21  turtle.penup()
22  turtle.goto(num*11,0)           # 移动到A点
23  turtle.pendown()
24  turtle.goto(num*15,num*4)       # 移动到E点
25  # 第3条路径
26  turtle.penup()
27  turtle.goto(num*11,num*11)      # 移动到B点
28  turtle.pendown()
20  turtle.goto(num*15,num*15)      # 移动到F点
30  # 第4条路径
```

```
31  turtle.penup()
32  turtle.goto(0,num*11)          # 移动到C点
33  turtle.pendown()
34  turtle.goto(num*4,num*15)      # 移动到G点
35  turtle.done()                  # 海龟绘图程序的结束语句
```

运行程序，将看到如图5.4相同的效果。

探索

　　同学们可以试着改写上面代码中第5行代码中的数值，看看立方体有什么变化？

学习秘籍

英语角

goto
转到

down
向下、朝下、在下面、下降、减少、降低

up
向上的、往上移动的、高兴、向上、在上面

移动到指定位置

　　功能：让海龟移动到画布中的特定位置，即坐标 (x, y) 所指定的位置。

　　语法：

```
turtle.goto(x,y)
```

x和y都是一个数值，用来指定目标位置的x轴坐标和y轴坐标。屏幕的中心点的坐标点为（0,0）。坐标位置如图5.5所示。

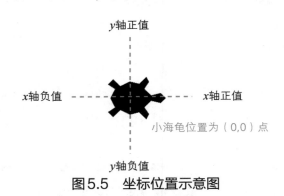

图5.5　坐标位置示意图

举例：让小海龟移动到坐标（50,100）的位置，代码如下：

```
turtle.goto(50,100)
```

 说明

　　goto()方法也可以使用setpos()方法或者setposition()方法代替。例如，下面的两行代码都可以实现让小海龟移动到坐标（50,100）的位置。

```
01  turtle.setpos(50,100)
02  turtle.setposition(50,100)
```

抬笔

功能：设置画笔为抬起状态，简称抬笔。当设置画笔为抬笔时，只移动，不画线。

语法：

```
turtle.penup()
```

说明

　　penup()方法也可以简化为pu()或者up()。这3个方法没有区别，使用哪个都行。建议使用penup()，这样可以见名知意。

落笔

功能：设置画笔为落下状态，简称落笔。当设置画笔为落笔时，一边移动，一边画线。

语法：

```
turtle.pendown()
```

 说明

pendown()方法也可以简化为pd()或者down()。这3个方法没有区别，使用哪个都行。建议使用pendown()，这样可以见名知意。

举例：绘制一段长度为400像素的虚线，代码如下：

```
01  import turtle            # 导入海龟绘图模块
02  for i in range(10):
03      turtle.forward(20)    # 前进20像素
04      turtle.penup()        # 抬笔
05      turtle.forward(20)    # 前进20像素
06      turtle.pendown()      # 落笔
07  turtle.done()             # 海龟绘图程序的结束语句
```

运行结果如图5.6所示。

图5.6　绘制一段虚线

挑战空间

🖥 任务一：绘制小房子轮廓图

本任务要求应用海龟绘图模块绘制一座小房子轮廓图，效果如图5.7所示。

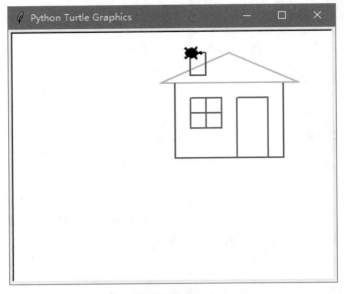

图5.7　绘制小房子轮廓图

任务二：绘制同心正方形

本任务要求应用海龟绘图模块绘制由7个正方形组成的同心正方形，效果如图5.8所示。

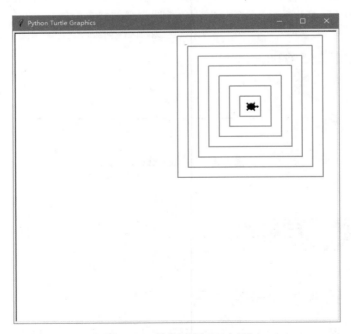

图5.8　绘制同心正方形

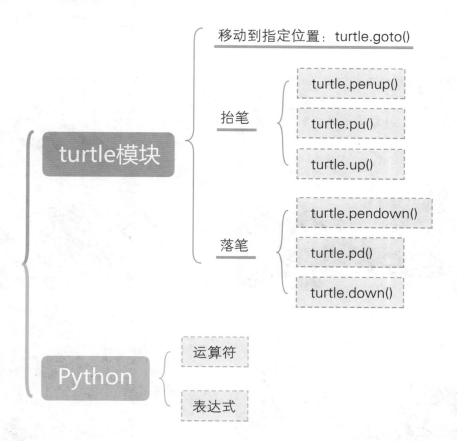

移动到指定位置：turtle.goto()

turtle模块

抬笔
- turtle.penup()
- turtle.pu()
- turtle.up()

落笔
- turtle.pendown()
- turtle.pd()
- turtle.down()

Python
- 运算符
- 表达式

第6课

奥运五环

这个雕塑好特别呀!

哪个雕塑?

你看那个人,她为什么要托着 5 个圆环呢?托着一个圆不更像太阳吗?

那可不行,这是奥林匹克标志,象征奥林匹克精神与文化。

奥运五环标志由蓝、黄、黑、绿、红 5 种颜色的奥林匹克环套接组成。整个造型为一个底部小的规则梯形。

我知道了。

你能帮我把它画下来吗?我想把它保存起来,以后带回我的星球。

可以呀!我让小海龟帮你画。

本课学习目标

◆ 掌握绘制圆的方法
◆ 掌握绘制弧的方法

扫描二维码
获取本课资源

奥运五环标志主要是由5个不同颜色的圆环组成。我们要绘制这样的图案，可以通过绘制5个不同颜色的圆环来实现。绘制圆环可以通过小海龟的画圆技能来实现，即通过circle()方法实现。

绘制半径为 r 的圆形，如图6.1所示。

应该怎样画这个五环图案呢？下面通过方格图来确定每个圆环的具体位置，该方格图如图6.2所示。

图6.1 绘制圆形示意图

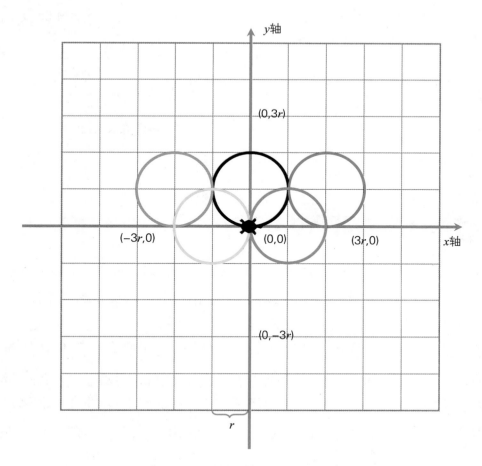

图6.2 在方格图中绘制五环

在图6.2中，每个格子的边长为圆环的半径，海龟所在位置为坐标原点，即（0,0）点。在 x 轴上，位于（0,0）点右侧的值均为正数，左侧的值均为负数；在 y 轴上，位于（0,0）点上方的值均为正数，下方的值均为负数。具体绘制过程如下：

● 让小海龟向左水平移动两个格，并且以一个格的长度为半径绘制蓝色的圆环。

● 让小海龟在当前位置前进两个格，并且以一个格的长度为半径绘制黑色的圆环。

● 让小海龟在当前位置前进两个格，并且以一个格的长度为半径绘制红色的圆环。

● 将小海龟移动到（0,0）点左下方格子的左下角的位置，并且以一个格的长度为半径绘制黄色的圆环。

● 让小海龟在当前位置前进两个格，并且以一个格的长度为半径绘制绿色的圆环。

思考

在绘制过程中，移动小海龟位置时，哪几处需要设置抬笔和落笔？

规划流程

仔细观察任务探秘的流程，可以发现除第1步和第4步中小海龟移动的方式不同外，剩下的步骤基本是相同的。对于这种情况，我们可以考虑通过循环语句实现，关键步骤如下：

第1步 让小海龟水平向左移动两个格（处理第1步不同的地方）。

第2步 使用for循环来绘制5个不同颜色的圆环，每个圆环的起始位置，通过if语句判断，如果不是第4个圆，则都是向前移动两个格，否则（第4个圆环）让小海龟飞到（0,0）点左下方格子的左下角的位置（即 $(-r,-r)$ 的位置）。

在for循环语句中，先绘制圆环，再移动小海龟。

具体实现流程如图6.3所示。

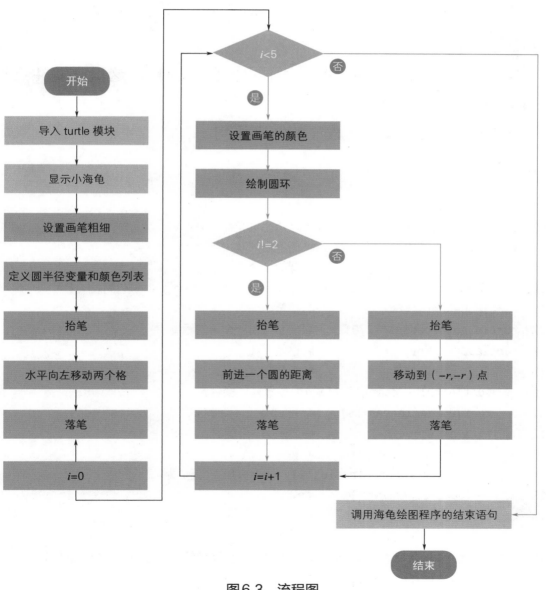

图6.3　流程图

探索实践

编程实现

创建一个Python文件，在该文件中，按以下步骤编写代码：

〔第1步〕 导入turtle模块，并设置显示海龟光标和画笔粗细。

〔第2步〕 定义圆半径变量和颜色列表，并让小海龟"飞"到第一个圆的起始位置。

〔第3步〕 通过for循环绘制5个不同颜色的圆环，这里需要注意设置抬笔和落笔。

〔第4步〕 调用海龟绘图程序的结束语句。

代码如下：

```
01  import turtle                  # 导入海龟绘图模块
02  turtle.shape('turtle')         # 显示海龟光标
03  turtle.width(10)               # 画笔粗细
04  radius = 100                   # 圆的半径
05  colorlist = ['royalblue','black','red','yellow','green'] # 颜色列表
06  turtle.penup()                 # 抬笔
07  turtle.goto(radius*-2,0)       # 向左移动一个圆的距离
08  turtle.pendown()               # 落笔
09  for i in range(5):             # 循环5次
10      turtle.color(colorlist[i])# 设置画笔颜色
11      turtle.circle(radius)      # 绘制圆
12      if i != 2:                 # 不是第3个圆时
13          turtle.penup()         # 抬笔
14          turtle.forward(radius*2)    # 移动一个圆的距离
15          turtle.pendown()       # 落笔
16      else:
17          turtle.penup()         # 抬笔
18          turtle.goto(radius*-1,radius*-1)# 移动到第二行的第一个圆的位置
19          turtle.pendown()       # 落笔
20  turtle.done()                  # 海龟绘图程序的结束语句
```

测试程序

运行程序，在打开的窗口中，可以看见一只小海龟不停地爬行，直到在屏幕上画出如图6.4所示的奥运五环图案。

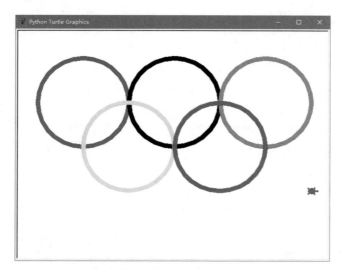

图6.4　绘制奥运五环图案

扩展程序

在本程序中，绘制的是5个不同颜色的圆环组成的"梯形"图案。下面我们修改一下该程序，让其实现由5个圆点组成的"梯形"图案。

要实现这个功能，主要注意以下两点：

① 将原程序中的绘制圆的方法 **circle()** 修改为绘制圆点的方法 **dot()**。这里需要注意的是，**dot()** 方法的参数指定的是直径，而不是半径，所以还需要设置为半径乘以2。

② 第二行的圆的 y 轴位置还得加20，用于去掉边框的距离，否则距离有点远。

修改后的代码如下：

```
21  import turtle                    # 导入海龟绘图模块
22  turtle.shape('turtle')          # 显示海龟光标
23  turtle.width(10)                # 画笔粗细
24  radius = 100                    # 圆的半径
```

```
25  colorlist = ['royalblue','black','red','yellow','green']  # 颜色列表
26  turtle.penup()                    # 抬笔
27  turtle.goto(radius*-2,0)          # 向左移动一个圆的距离
28  turtle.pendown()                  # 落笔
29  for i in range(5):                # 循环5次
30      turtle.color(colorlist[i])#  设置画笔颜色
31      turtle.dot(radius*2)          # 绘制圆
32      if i != 2:                    # 不是第3个圆时
33          turtle.penup()            # 抬笔
34          turtle.forward(radius*2)      # 移动一个圆的距离
35          turtle.pendown()          # 落笔
36      else:
37          turtle.penup()            # 抬笔
38          turtle.goto(radius*-1,radius*-1-10+20)
                                      # 移动到第二行的第一个圆的位置
39          turtle.pendown()          # 落笔
40  turtle.done()                     # 海龟绘图程序的结束语句
```

运行程序，在打开的窗口中，可以看见屏幕上依次出现5个不同颜色的圆点，如图6.5所示。

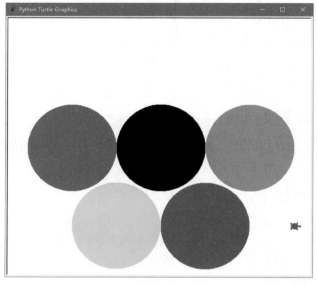

图6.5 5个圆点组成的"梯形"图案

circle	radius
圆圈、圆、圆形、环、圆周、环状物、转圈	半径、周围

extent

程度、限度、大小、面积、范围

step

步、迈步、一步(的距离)、步骤、台阶

dot

点、小圆点、星罗棋布于、点缀

绘制圆或弧形

功能：绘制圆或者弧形。

语法：

```
turtle.circle(radius, extent, steps)
```

radius：必选参数，用于指定半径，其参数值为数值。圆心在海龟光标左边一个半径值的位置。值为正数，则逆时针方向绘制圆弧；值为负数，则顺时针方向绘制圆弧。

extent：可选参数。指定为数值，则为夹角的大小；如果设置为None或者省略，则绘制整个圆。另外，如果指定的值不是完整圆周，将以当前画笔位置为一个端点绘制圆弧。

steps：可选参数，用于指定边数。圆实际上是以其内切正多边形来近似表示的，这里的steps就是指定的正多边形的边数。

说明

在circle()方法中，如果extent参数省略，则steps参数需要使用steps =边数来指定。

举例: 绘制一个红色的,半径为100的圆,代码如下:

```
01  import turtle
02  turtle.color('red')          # 设置画笔颜色
03  radius = 100                 # 定义半径
04  turtle.circle(radius,None)   # 绘制圆
05  turtle.done()                # 海龟绘图程序的结束语句
```

运行上面的代码,将绘制如图6.6所示的圆。

图6.6　绘制圆

绘制一个绿色,半径为100的半圆弧,代码如下:

```
01  import turtle
02  turtle.color('green')        # 设置画笔颜色
03  radius = 100                 # 定义半径
04  turtle.circle(radius,180)    # 绘制半圆弧
05  turtle.done()                # 海龟绘图程序的结束语句
```

运行上面的代码,将绘制如图6.7所示的半圆弧。

图6.7　绘制半圆弧

绘制圆点

功能：在屏幕上绘制指定大小和颜色的实心圆点。

语法：

```
turtle.dot(size, color)
```

size：用于指定圆点的直径，参数值为≥1的整型数。省略则取pensize+4和2×pensize中的较大值。

color：用于指定圆点的颜色，其参数值为颜色字符串或颜色数值元组。

举例：在屏幕上绘制一个蓝色的、直径为50的圆点，代码如下：

```
01  import turtle              # 导入海龟绘图模块
02  turtle.dot(50, "skyblue")
03  turtle.done()             # 海龟绘图程序的结束语句
```

运行上面的代码，将在屏幕上绘制如图6.8所示的圆点。

图6.8　绘制圆点

📖 任务一：完善小房子轮廓图

本任务要求在第5课的任务一的基础上，为小房子添加圆形的门把手和炊烟，效果如图6.9所示。

任务二：绘制花朵线图

本任务要求应用海龟绘制模块绘制花朵线图，效果如图6.10所示。

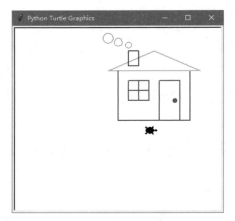

图6.9　完善小房子轮廓图

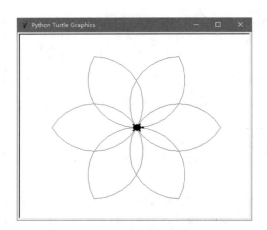

图6.10　绘制花朵线图

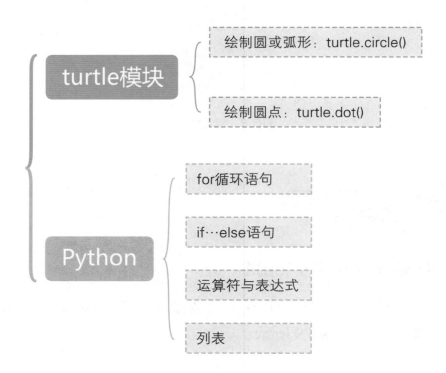

第7课

正多边形

乐乐，我们今天学习了正多边形。你知道什么是正多边形吗？

知道呀，就是它的每条边都一样长。

太好了！老师让我们回家自己找一找，看看都有什么东西是正多边形的。

正多边形的东西挺多的，比如，三角架、骰子、五角大楼、蜂巢、八卦镜等。

蜂巢？里面是不是有蜂蜜呀？

是的，蜜蜂会在蜂巢里酿蜜。

我想看看蜂巢，你知道哪里可以看到吗？

我可以让小海龟画给你看。

 本课学习目标

◆ 掌握如何绘制正多边形

◆ 掌握如何有规律地绘制多个正多边形

◆ 掌握如何用Python求一个数的平方根

扫描二维码
获取本课资源

蜂巢是由无数个正六边形组成的。绘制正六边形可以通过绘制圆形的方法circle()实现，这个正六边形属于半径为r的圆的内接正六边形，如图7.1所示。

怎样绘制多个平铺的正六边形呢？经过分析可以发现，实现正六边形的平铺主要确定以下两个信息：

① 一行中横向移动的距离。正六边形的内角为120度，从圆心到每个顶点进行连线后，可以看出该连接将其顶点对应的角平均分成两份，所以每一份就是60度。由此可知，正六边形是由6个正三边形（等边三角形）拼合而成，所以它的每个边都与其外接圆的半径相同，都等于r。如图7.2所示。

circle(r,steps=6) 绘制正六边形

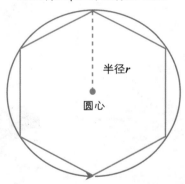

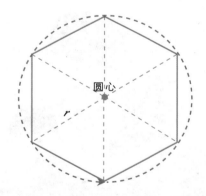

图7.1　绘制正六边形示意图　　　图7.2　正六边形拆分示意图

 说明

正多边形内角的度数计算公式：内角＝（边数−2）×180/边数。

由于等边三角形也是等腰三角形，根据等腰三角形的性质"等腰三角形底边上的垂直平分线到两条腰的距离相等"可以得出等边三角形的高平分其底边，再根据勾股定理可以算出一行中横向移动的距离为$\sqrt{3}\,r$。如图7.3所示。

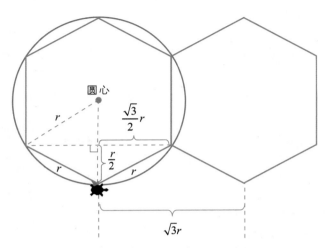

图7.3　横向移动距离的计算方法示意图

　　② 每一行的起始位置。每一行的起始位置大致可以分为如下情况：第一行的起始位置（x 轴和 y 轴的值）；奇数行的起始位置（x 轴和 y 轴的值）；偶数行的起始位置（x 轴和 y 轴的值）。具体位置如图7.4所示。

 说明

　　橙色小海龟为奇数行起始位置；绿色小海龟为偶数行起始位置。

根据图7.4可以得出以下规则：

- 奇数行的 x 轴位置为-286；
- 偶数行的 x 轴的位置为 $-286+(r\times\sqrt{3})/2$；
- 第一行 y 轴的位置为 $205-(r\times2)$；

其他行 y 轴的位置均为 $205-[(r\times2)\times$ 当前行号 $-(r/2)\times($ 当前行号 $-1)]$。

说明

综合上面最后两条可以得出：y轴位置为$205-\left[(r\times2)\times\right.$当前行号$-(r/2)\times$（当前行号$-1)\left.\right]$。

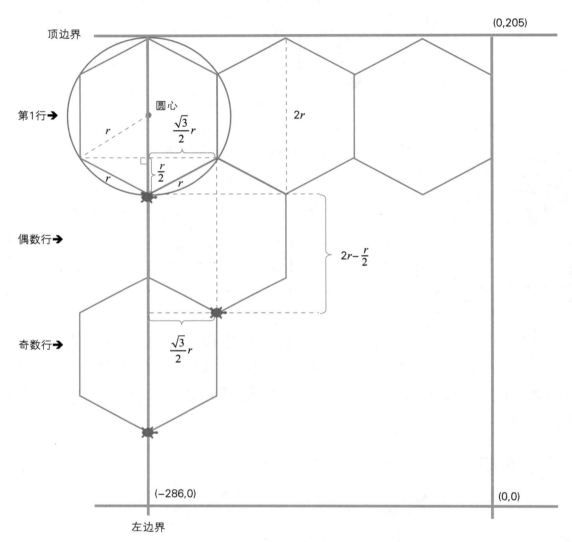

图7.4　每一行的起始位置

针对任务探秘的流程，我们得出该程序需要通过嵌套的for循环

实现，最外层的for循环绘制行，里层for循环绘制每一行的内容，具体实现流程如图7.5所示。

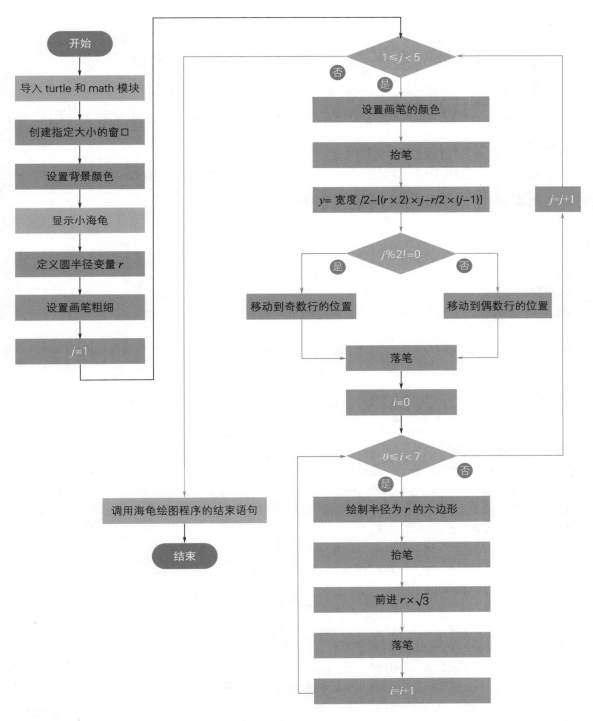

图7.5 流程图

编程实现

创建一个Python文件，在该文件中，按以下步骤编写代码：

第1步 导入turtle和math模块，并创建一个指定大小的窗口。

第2步 设置显示海龟光标、背景颜色、画笔粗细，并定义圆半径变量。

第3步 通过for循环绘制5行连接在一起的正六边形。

第4步 调用海龟绘图程序的结束语句。

代码如下：

```
01  import turtle              # 导入海龟绘图模块
02  import math
03  turtle.setup(572,410)      # 创建指定大小的窗口
04  turtle.shape('turtle')     # 显示海龟光标
05  turtle.bgcolor('orange')   # 设置背景颜色
06  turtle.width(4)            # 画笔粗细
07  r = 50                     # 圆的半径
08  for j in range(1,6):
09      turtle.pencolor('yellow')
10      turtle.penup()
11      # 移动小海龟到每一行的开始位置
12      y = 205-(r*2)*j+r/2*(j-1)
13      if j%2 !=0:            # 奇数行
14          turtle.goto(-286,y)
15      else:                  # 偶数行
16          turtle.goto(-286+r*math.sqrt(3)/2,y)
17      turtle.pendown()
18      for i in range(7):     # 绘制一行7个正六边形
19          turtle.circle(r,steps=6)
20          turtle.penup()
21          turtle.forward(r*math.sqrt(3))
                               # 根据勾股定理计算出横向距离
22          turtle.pendown()
23  turtle.done()              # 海龟绘图程序的结束语句
```

测试程序

运行程序，在打开的窗口中，可以看见一只小海龟不停地爬行，直到在屏幕上画出如图7.6所示的蜂巢图案。

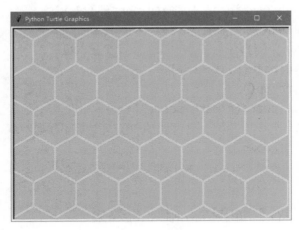

图7.6　绘制蜂巢图案

优化程序

在本程序中，窗口的宽度和高度是直接写的具体数值，由于在绘制正六边形时，也需要应用到窗口的宽度和高度，所以想要修改窗口大小比较麻烦。其实，我们可以将窗口的宽度和高度定义为具体的变量，这样，每次修改具体的数值就可以，修改后的代码如下：

```
01  import turtle              # 导入海龟绘图模块
02  import math
03  width = 572  # 窗口宽度
04  height = 410  # 窗口高度
05  turtle.setup(width,height)   # 创建指定大小的窗口
06  turtle.bgcolor('orange')     # 设置背景颜色
07  turtle.shape('turtle')       # 显示海龟光标
08  r = 50                       # 圆的半径
09  turtle.width(4)              # 画笔粗细
10  for j in range(1,6):
11      turtle.pencolor('yellow')
12      turtle.penup()
13      # 移动小海龟到每一行的开始位置
```

```
14      y = height/2-(r*2)*j+r/2*(j-1)
15      if j%2 !=0:              # 奇数行
16          turtle.goto(-width/2,y)
17      else:    # 偶数行
18          turtle.goto(-width/2+r*math.sqrt(3)/2,y)
19   turtle.pendown()
20   for i in range(7):          # 绘制一行7个正六边形
21       turtle.circle(r,steps=6)
22       turtle.penup()
23       turtle.forward(r*math.sqrt(3))
                                 # 根据勾股定理计算出横向距离
24       turtle.pendown()
25   turtle.done()               # 海龟绘图程序的结束语句
```

运行程序，将看到如图7.6相同的效果。

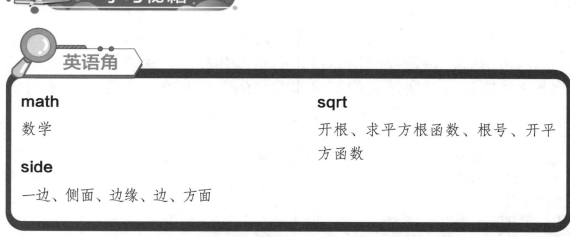

math

数学

sqrt

开根、求平方根函数、根号、开平方函数

side

一边、侧面、边缘、边、方面

通过circle()方法绘制正多边形

功能： 在海龟绘图中，circle()方法不仅可以绘制圆或圆弧，还可以绘制正多边形。

语法：

将circle()方法的参数steps设置为想要的多边形的边数，即可绘制指定边数的正多边形。

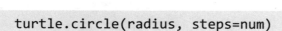

```
turtle.circle(radius, steps=num)
```

radius：数值，指定半径。

num：数值，指定边数。

举例：绘制一个正八边形的代码如下：

```
01  import turtle          # 导入海龟绘图模块
02  turtle.color('red')
03  turtle.circle(100,steps=8)   # 绘制正八边形
04  turtle.done()         # 海龟绘图程序的结束语句
```

运行上面的代码，将绘制一个正八边形，如图7.7所示。

图7.7　绘制正八边形

　说明

正多边形是指边数大于等于三条，并且各边相等，各角也相等的多边形。

通过循、环旋转、移动绘制正多边形

在第2课绘制矩形时，我们通过移动指定距离（表示边长）并旋转（90度）4次绘制出了一个矩形。那么如果把矩形换成正方形，就可以通过循环4次实现。通过这种方式也可以实现绘制其他的正多边形。关键要素如下：

● 循环次数=边数。

● 旋转角度=180-内角的度数。内角的度数计算公式为：内角=（边数-2）×180/边数。即旋转角度=180-（边数-2）×180/边数。

● 移动的距离=边长。

例如，要绘制一个彩色边框的正八边形，代码如下：

```
01  import turtle                # 导入海龟绘图模块
02  colorlist = ['pink','purple','skyblue','cyan','green','lime','orange','red']
03  turtle.width(2)              # 线粗2像素
04  side = 8                     # 边数
05  for i in range(side):
06      turtle.color(colorlist[i])    # 设置边框颜色
07      turtle.forward(60)            # 边长
08      turtle.left(180-(side-2)*180/side)   # 旋转角度
09  turtle.done()                # 海龟绘图程序的结束语句
```

运行上面的代码，将绘制一个彩色边框的正八边形，如图7.8所示。

图7.8　绘制彩色边框的正八边形

求平方根

功能：Python内置的math模块提供的方法，用于获取指定值的平方根。

语法：

```
math.sqrt(x)
```

x：表示需要求平方根的数值。

返回值：返回数值x的平方根。

平方根：一个数x乘以它本身刚好等于某数a，那么x就是a的平方根。例如，$5×5=25$，那么，5就是25的平方根。

举例：获取下列指定数值的平方根并输出。代码如下：

```
01   import math              # 导入数学模块
02   print(math.sqrt(100))    # 输出100的平方根
03   print(math.sqrt(7))      # 输出7的平方根
04   print(math.sqrt(3))      # 输出3的平方根
```

程序运行结果如下：

```
10.0
2.6457513110645907
1.7320508075688772
```

📺 任务一：绘制套叠在一起的正多边形

本任务要求绘制彩色的、套叠在一起的正三边形到正十七边形，效果如图7.9所示。

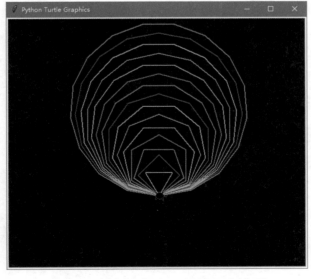

图7.9　绘制套叠在一起的正多边形

任务二：绘制彩色蜂巢

本任务要求应用海龟绘图模块绘制彩色蜂巢，效果如图7.10所示。

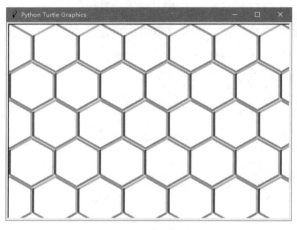

图7.10　绘制彩色蜂巢

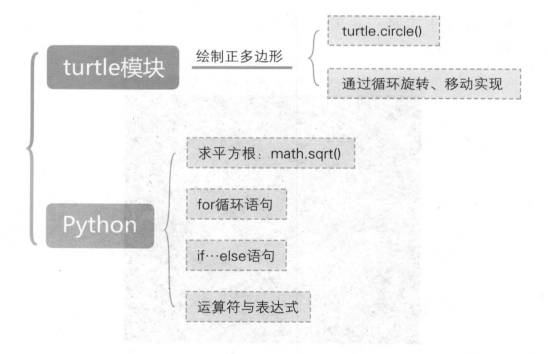

神奇涂色师

 本课学习目标

◆ 学会如何绘制填充图形

◆ 学会如何隐藏海龟光标

扫描二维码
获取本课资源

本课我们将让小海龟绘制一只如图8.1所示的小鸡。

图8.1　小鸡

从图8.1可以看出，这只小鸡主要由圆形、三角形和线组成。颜色有绿色（背景）、黄色（身体和头）、黑色（眼睛）、红色（嘴和脚）。由于这些图形我们并不陌生，前面课程中已经绘制过，那么，这里我们重点要解决的就是涂色和各个图形的摆放位置。下面分别进行介绍。

① 涂色。在海龟绘图中，涂色功能可以先设置画笔的颜色（一般通过 turtle.color() 实现），然后再使用 turtle.begin_fill() 和 turtle.end_fill() 方法绘制填充图形实现。

说明

实现绘制填充图形，需要将绘制要填充的形状的代码放置在 turtle.begin_fill() 和 turtle.end_fill() 方法中间括起来。

② 计算图形的摆放位置。计算图形的摆放位置时，可以借助方格图来完成。这时可以先在方格图中画出各个图形的位置。

注意

尽量设置得接近整数个格子，这样方便后期计算位置。可以参考如图8.2所示的形式。

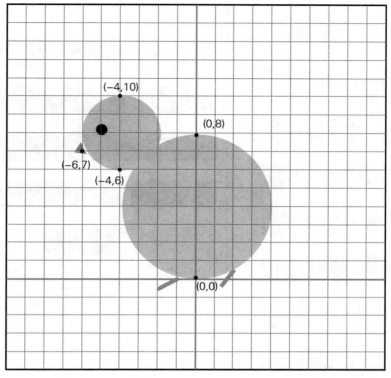

图8.2　绘制小鸡示意图

根据图8.2可以得出以下重要信息：

● 大圆（身体）的起始位置为（0,0）点，圆的半径为4个格子；
● 小圆（头）的起始位置为（-4,6）点，圆的半径为2个格子；
● 小黑点（眼睛）的起始位置为（-5,8）点，半径为1/4个格子；
● 三角形（嘴）的起始位置为（-6，7）点，边长为1/2个格子；
● 线（左脚）的起始位置为（-1，0）点，结束位置为（-2,-1/2）；
● 线（右脚）的起始位置为（2,1/2）点，结束位置为（3/2,-1/2）。

规划流程

针对任务探秘的分析，我们得出该程序只需要按顺序绘制小鸡的各个组成部分即可，具体实现流程如图8.3所示。

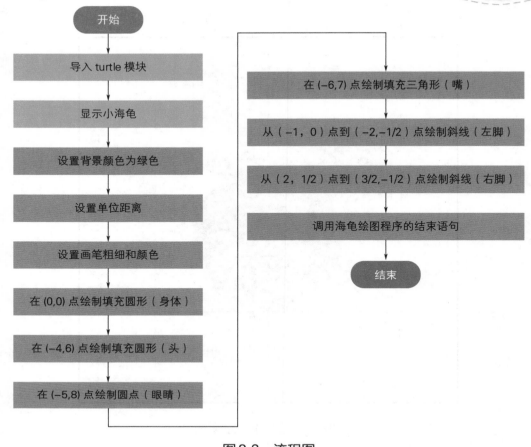

图8.3 流程图

编程实现

创建一个Python文件，在该文件中，按以下步骤编写代码：

第1步 导入turtle和random模块，并显示海龟光标、背景颜色、单位距离、画笔粗细和颜色。

第2步 绘制身体和头（都是由圆形绘制），以及眼睛（由圆点绘制）。

第3步 绘制嘴和左、右脚（由线绘制）。

第4步 调用海龟绘图程序的结束语句。

代码如下：

```
01  import turtle                     # 导入海龟绘图模块
02  turtle.bgcolor('green')          # 设置背景颜色为绿色
03  num = 20                         # 单位距离（每个格代表的像素数）
04  turtle.pensize(3)                # 设置画笔粗细
05  turtle.color('yellow')           # 设置画笔颜色为黄色
06  # 绘制身体和头
07  turtle.begin_fill()              # 开始填充
08  turtle.circle(num*4)             # 绘制圆
09  turtle.penup()                   # 抬笔
10  turtle.goto(-4*num,6*num)        # 移动到起始位置
11  turtle.pendown()                 # 落笔
12  turtle.circle(num*2)             # 绘制圆
13  turtle.end_fill()                # 结束填充
14  # 绘制眼睛
15  turtle.penup()                   # 抬笔
16  turtle.goto(-5*num,8*num)        # 移动到起始位置
17  turtle.pendown()                 # 落笔
18  turtle.color('black')            # 设置画笔颜色为黑色
19  turtle.dot(num)                  # 绘制圆点
20  # 绘制嘴
21  turtle.penup()                   # 抬笔
22  turtle.goto(-6*num,7*num)        # 移动到起始位置
23  turtle.left(50)
24  turtle.pendown()                 # 落笔
25  turtle.begin_fill()              # 开始填充
26  turtle.color('red')              # 设置画笔颜色为红色
27  turtle.circle(num/2,steps=3)     # 绘制三角形
28  turtle.end_fill()                # 结束填充
29  # 绘制左、右脚
30  turtle.penup()                   # 抬笔
31  turtle.goto(-num,0)              # 移动到起始位置
32  turtle.pendown()                 # 落笔
33  turtle.goto(-num*2,-num/2)       # 移动到起始位置
34  turtle.penup()                   # 抬笔
35  turtle.goto(num*2,num/2)         # 移动到起始位置
36  turtle.pendown()                 # 落笔
37  turtle.goto(num*3/2,-num/2)      # 移动到起始位置
38  turtle.done()                    # 海龟绘图程序的结束语句
```

测试程序

运行程序，在打开的窗口中，可以看见一只小海龟不停地爬行，直到在屏幕上画出如图8.4所示的小鸡图案。

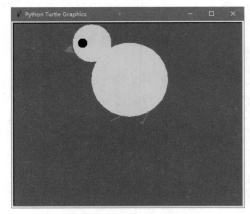

图8.4　绘制一只可爱的小鸡图案（带海龟光标）

优化程序

从图8.4所示的运行结果看，在画完小鸡的右脚后，与右脚同色的海龟光标会显示在右脚上，影响整体效果。这时，我们可以在绘制完图案后让海龟光标隐藏，即在第37行和38行代码之间增加一行代码，代码如下：

```
turtle.ht()                    # 隐藏海龟光标
```

最终将看到如图8.5所示的效果。

图8.5　绘制一只可爱的小鸡图案（不带海龟光标）

英语角

begin	**fill**
开始、启动、起始、本来是、创始	填满、装满
end	**hide**
终止、终结、结局、结尾、末端、结束、端点	隐藏、藏、隐蔽、躲避、遮挡、掩盖
show	**visible**
显示、表明、展示、出示、演示、指给某人看	看得见的、可见的、明显的、现实世界

绘制填充图形

在海龟绘图中，默认绘制的图形只显示轮廓，不会填充。可以使用 begin_fill() 和 end_fill() 方法绘制填充图形。其中 begin_fill() 方法放置在绘制要填充的形状之前调用，而 end_fill() 方法放置在绘制完要填充的形状之后调用，并且要保证前面已经调用了 begin_fill() 方法。

举例：通过 circle() 方法绘制正八边形并且填充绿色，代码如下：

```
01  import turtle                    # 导入海龟绘图模块
02  turtle.color('green')           # 填充颜色
03  turtle.begin_fill()             # 标记填充开始
04  turtle.circle(100,steps=8)      # 绘制正八边形
05  turtle.end_fill()               # 标记填充结束
06  turtle.ht()                     # 隐藏画笔
07  turtle.done()                   # 海龟绘图程序的结束语句
```

运行上面的代码，将显示如图 8.6 所示的绿色实心正八边形。

图8.6 绘制绿色实心正八边形

 说明

如果在填充图形之前想要判断当前画笔是否为填充状态，可以使用 turtle.filling()方法实现，如果返回值为True，则表示为填充状态。

隐藏海龟光标

功能：隐藏海龟光标。
语法：

```
turtle.hideturtle()
```

 说明

hideturtle()方法也可以简化为ht()。这两个方法没有区别，使用哪个都行。建议使用hideturtle()，这样可以见名知意。

显示海龟光标

功能：显示海龟光标。
语法：

```
turtle.showturtle()
```

 说明

showturtle()方法也可以简化为st()。这两个方法没有区别，使用哪个都行。建议使用showturtle()，这样可以见名知意。

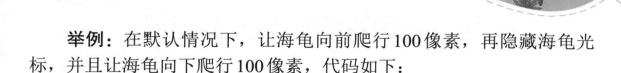

举例： 在默认情况下，让海龟向前爬行100像素，再隐藏海龟光标，并且让海龟向下爬行100像素，代码如下：

```
01  import turtle          # 导入海龟绘图模块
02  turtle.shape('turtle')  # 改变海龟光标的形状为海龟
03  turtle.forward(100)    # 画一条线
04  turtle.right(90)       # 顺时针旋转90度
05  turtle.hideturtle()    # 隐藏海龟光标
06  turtle.forward(100)    # 向下爬行100像素
07  turtle.done()          # 海龟绘图程序的结束语句
```

运行程序，可以看到在绘制水平直线时，有海龟在爬行，但是在绘制向下的直线时，就没有海龟在爬行了，效果如图8.7所示。

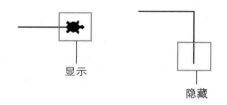

显示

隐藏

图8.7　显示与隐藏海龟光标

> **说明**
>
> 如果不确定当前海龟光标是显示还是隐藏，可以使用isvisible()方法判断海龟光标是否可见。返回值为True，表示可见。

任务一：给小房子涂色

本任务要求在第6课的挑战任务一的基础上，为小房子涂色，效果如图8.8所示。

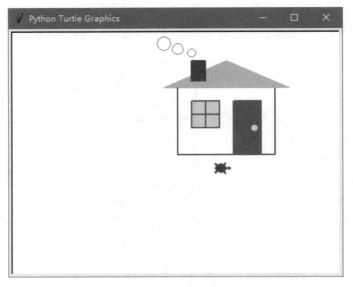

图8.8 给小房子涂色

💻 任务二：绘制彩虹

本任务要求应用海龟绘图模块绘制彩虹，效果如图8.9所示。（提示：可以先绘制8个不同颜色的同心圆，然后再绘制一个白色长方形遮盖住下半部分实现）

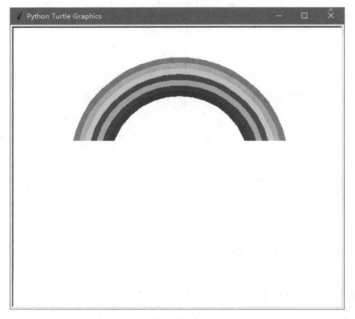

图8.9 绘制彩虹

绘制填充图形 {
标记填充开始：turtle.begin_fill()

标记填充结束：turtle.end_fill()
}

隐藏海龟光标 {
turtle.hideturtle()

turtle.ht()
}

turtle模块

显示海龟光标 {
turtle.showturtle()

turtle.st()
}

判断海龟光标是否可见：turtle.isvisible()

设置画笔颜色：turtle.color()

Python —— 运算符与表达式

第9课

层叠之美

这里面是硬币，我倒出来给你看。

乐乐，这里面有什么呀？

我们来玩叠硬币，看谁叠得高呀？

好呀！

我要是赢了，你要绕院子跑20圈。

我要是赢了，你请我吃蛋糕呦！

我要让小海龟来和你们一起玩叠硬币。

同学们，你们知道乐乐是怎么做到的吗？

 本课学习目标

◆ 掌握如何设置画笔的颜色

◆ 掌握如何改变动画的速度

◆ 学会如何让小海龟"跳"到指定坐标位置

扫描二维码
获取本课资源

第1课

与小海龟对话

 本课学习目标

◆ 了解字体、字形
◆ 学会在海龟窗口中输入文字和数字
◆ 学会在海龟窗口中输出文字

扫描二维码
获取本课资源

根据前面的对话，我们为了考验小海龟，准备让它绘制一张教师节贺卡，如图1.1所示。

图1.1　想要绘制的教师节贺卡

想要绘制这样的教师节贺卡，关键问题就是先准备背景图片，再输出文字。下面分别进行分析。

准备背景图片：可以到网络上下载一张好看的背景图片，尺寸为1000×500像素，如图1.2所示。

图1.2　贺卡背景图片

输出文字：输出文字时，主要是确定文字的位置和大小，这里可以通过方格图来定位，如图1.3所示。

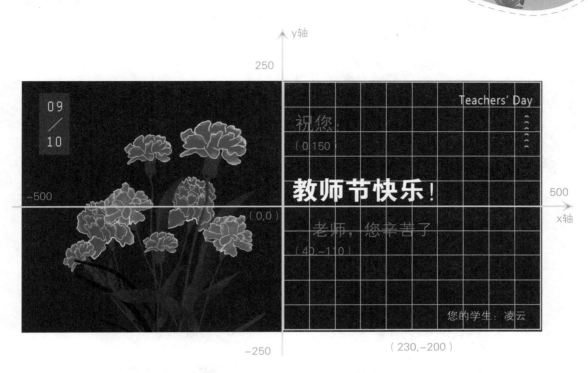

图1.3　绘制贺卡上的文字示意图

从图1.3中可以看出，背景图片的尺寸为1000×500像素，每个小方格的长和宽都代表50像素。在绘制时所需的重要信息如下：

① 在（0,150）点绘制文字"祝您："，字号28磅。

② 在（0,0）点绘制文字"教师节快乐！"，字号58磅。

③ 在（40,–140）点绘制文字"老师，您辛苦了！"，字号32磅。

④ 在（230,–200）点绘制文字"您的学生：凌云"，字号20磅。

> **说明**
>
> 在海龟绘图中，输出文字时，字号的单位为"磅"。而在设置小海龟移动的距离时，单位为"像素"，二者之间的转换关系为"磅＝像素×3÷4"。

规划流程

根据任务探秘，可以得出如图1.4所示的流程图。

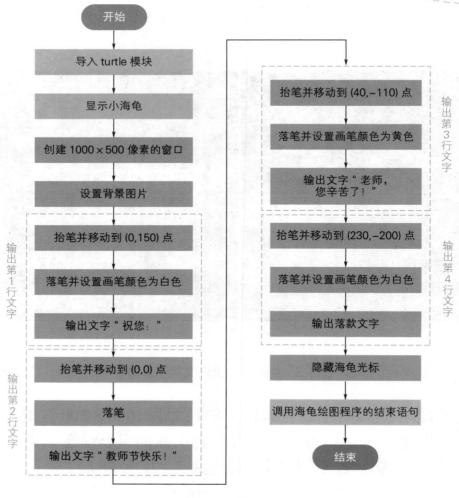

图1.4 流程图

编程实现

创建一个Python文件，在该文件中，按以下步骤编写代码：

第1步 导入turtle模块，并显示海龟光标。

第2步 创建一个1000×500像素的窗口，并设置背景图片为贺卡的背景图片。

第3步 将海龟移动到文字输出位置，并输出要显示文字。

代码如下:

```
01  import turtle                                    # 导入海龟绘图模块
02  turtle.shape('turtle')                          # 显示海龟光标
03  turtle.setup(1000,500)                          # 创建1000×500像素的窗口
04  turtle.bgpic('teacherbg.png')                   # 设置背景图片
05  # 输出"祝您: "
06  turtle.penup()
07  turtle.goto(0,150)
08  turtle.pendown()
09  turtle.pencolor('white')
10  turtle.write('祝您: ',move=True,font=('宋体',28,'italic'))
11  # 输出"教师节快乐! "
12  turtle.penup()
13  turtle.goto(0,0)
14  turtle.pendown()
15  turtle.write('教师节快乐! ',font=('微软雅黑',58,'bold'))
16  # 输出"老师, 您辛苦了! "
17  turtle.penup()
18  turtle.goto(40,-110)
19  turtle.pendown()
20  turtle.pencolor('yellow')
21  turtle.write('老师, 您辛苦了! ',move=True,font=('宋体',32,'normal'))
22  # 输出落款(学生名字)
23  turtle.penup()
24  turtle.goto(230,-200)
25  turtle.pendown()
26  turtle.pencolor('white')
27  turtle.write('您的学生: 凌云',move=True,font=('宋体',20,'normal'))
28  turtle.ht()                                      # 隐藏海龟光标
29  turtle.done()                                    # 海龟绘图程序的结束语句
```

测试程序

运行程序,可以看到打开的窗口中,将显示贺卡背景并逐行输出贺卡上的祝福文字。效果如图1.5所示。

图1.5　教师节贺卡

优化程序

在上面的程序中，学生姓名是固定的。那么，我们可以不可以让运行程序的同学自己输入呢？答案是肯定的。这可以通过海龟绘图提供的**textinput**()方法来实现。修改后的代码如下：

```
01  import turtle                    # 导入海龟绘图模块
02  turtle.shape('turtle')          # 显示海龟光标
03  turtle.setup(1000,500)          # 创建1000×500像素的窗口
04  turtle.bgpic('teacherbg.png')   # 设置背景图片
05  name = turtle.textinput('请输入你的名字！','输入的名字会显示在贺卡上')
06  # 输出"祝您："
07  turtle.penup()
08  turtle.goto(0,150)
09  turtle.pendown()
10  turtle.pencolor('white')
11  turtle.write('祝您：',move=True,font=('宋体',28,'italic'))
12  # 输出"教师节快乐！"
13  turtle.penup()
14  turtle.goto(0,0)
15  turtle.pendown()
16  turtle.write('教师节快乐！',font=('微软雅黑',58,'bold'))
17  # 输出"老师，您辛苦了！"
18  turtle.penup()
19  turtle.goto(40,-110)
20  turtle.pendown()
21  turtle.pencolor('yellow')
```

```
22  turtle.write('老师, 您辛苦了!',move=True,font=('宋体',32,'normal'))
23  # 输出落款（学生名字）
24  turtle.penup()
25  turtle.goto(230,-200)
26  turtle.pendown()
27  turtle.pencolor('white')
28  turtle.write('您的学生: '+name,move=True,font=('宋体',20,'normal'))
29  turtle.ht()                          # 隐藏海龟光标
30  turtle.done()                        # 海龟绘图程序的结束语句
```

运行程序，将看到打开的窗口中显示一个输入对话框，提示"请输入你的名字"，输入如图1.6所示的名字，单击"OK"按钮，看到屏幕中将逐行显示贺卡上的文字，同时，在落款的位置会显示我们输入的名字，如图1.7所示。

图1.6　输入名字

图1.7　贺卡的最终效果

学习秘籍

英语角

write

写、编写、写作、写字、作曲、将（数据）写入（存储器）

align

排列、校准、排整齐、使一致

center

居中、集中、篮球中锋、中心、中央、中线

text

文本、正文、文档、演讲稿、剧本、文稿、文章

default

违约、默认、预设、预置、系统设定值、预置值

move

移动、变化、改变、转变、搬家、走棋、行动、活动

font

字体、字形

normal

典型的、正常的、一般的、常态、通常标准

input

输入、投入、输入的信息、输入端

prompt

促使、导致、提示、立即、提示符、准时地

输出文字

功能： 输出文字是指在海龟绘图窗口上直接显示指定的文字，而不是一笔一笔地画文字。

语法：

```
turtle.write(arg, move=False, align="left", font=("Arial", 8, "normal"))
```

arg： 必选参数，用于指定要输出的文字内容，该内容会输出到当前海龟光标所有位置。

move：可选参数，用于指定是否移动画笔到文本的右下角，默认为False（表示不移动），设置为True（表示移动）。

align：可选参数，用于指定文字的对齐方式，其参数值为left（居左）、center（居中）或者right（居右）中的任意一个。默认为left。

font：可选参数，用于指定字体、字号和字形，通过一个三元组(字体,字号,字形)实现。

> **说明**
>
> 字形的可设置值为normal（表示正常）、bold（粗体）、italic（斜体）、underline（下划线）等。

举例： 在屏幕中心输出文字" 一粥一饭，当思来之不易；半丝半缕，恒念物力维艰。"，指定字体为宋体，字号为18，字形为normal（表示正常），代码如下：

```
01  import turtle              # 导入海龟绘图模块
02  turtle.color('green')      # 填充颜色
03  turtle.up()                # 抬笔
04  turtle.goto(-300,50)
05  turtle.down()              # 落笔
06  turtle.write(' 一粥一饭，当思来之不易；半丝半缕，恒念物力维艰。',
     font=('宋体',18,'normal'))
07  turtle.done()              # 海龟绘图程序的结束语句
```

运行上面的代码，将显示如图1.8所示的效果。

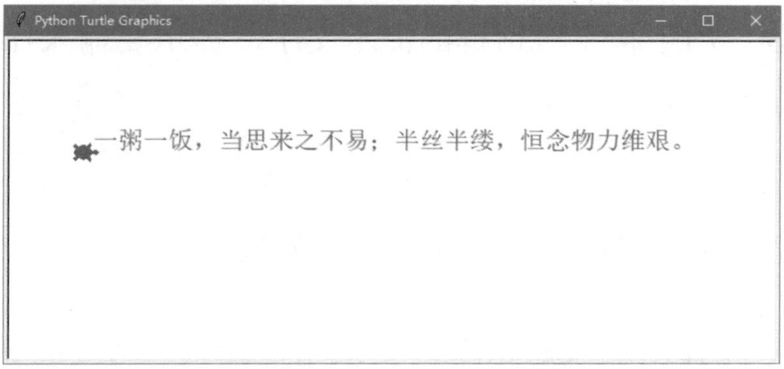

图1.8 在屏幕中输出文字

从图1.8可以看出，输出文字时，海龟光标并没有移动，如果将第6行代码修改为以下代码：

```
turtle.write('一粥一饭，当思来之不易；半丝半缕，恒念物力维艰。',True,
font=('宋体',18,'normal'))
```

再次运行程序，将显示如图1.9所示的效果。

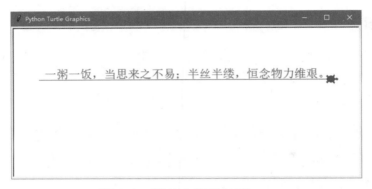

图1.9　移动光标的效果

输入文字

功能： 弹出一个输入对话框来实现与用户交互。在弹出的对话框中输入文字后，单击"OK"按钮，海龟绘图就可以获取输入的文字了。

语法：

```
turtle.textinput(title, prompt)
```

title：用于指定对话框的标题，显示在标题栏上。
prompt：用于指定对话框的提示文字，提示要输入什么信息。
返回值：返回输入的字符串。如果对话框被取消，则返回None。

 说明

关于颜色的具体取值请参见bgcolor()方法。

举例： 先弹出输入对话框，要求用户输入一段文字，然后输出到屏幕上，代码如下：

```
01  import turtle                                      # 导入海龟绘图模块
02  turtle.color('green')                             # 填充颜色
03  word = turtle.textinput('温馨提示：','请输入要打印的文字')
    # 弹出输入对话框
04  turtle.write(word,True,font=('宋体',18,'italic'))   # 输出文字
05  turtle.done()                                      # 海龟绘图程序的结束语句
```

运行程序，将显示如图1.10所示的输入对话框，输入文字"学无止境"并单击"OK"按钮后，在屏幕上将显示如图1.11所示的文字。

图 1.10　输入对话框

图1.11　在屏幕中输出的效果

输入数字

功能：弹出对话框要求用户输入数值，单击"OK"按钮后，海龟绘图就可以获取输入的数值了。

语法：

```
turtle.numinput(title, prompt, default=None, minval=None, maxval=None)
```

title：必选参数，用于指定对话框的标题，显示在标题栏上。

prompt：必选参数，用于指定对话框的提示文字，提示要输入什么信息。

default：可选参数，用于指定一个默认数值。

minval：可选参数，用于指定可输入的最小数值。

maxval：可选参数，用于指定可输入的最大数值。

返回值：返回输入的数值，浮点类型。如果对话框被取消，则返回 None。

举例： 先弹出输入对话框，要求用户输入一个1 ~ 9之间的数，然后输出到屏幕上，代码如下：

```
01  import turtle                                      # 导入海龟绘图模块
02  turtle.color('green')                              # 填充颜色
03  # 数字输入框
04  num = turtle.numinput('温馨提示：','请输入1~9之间的数字：', default=1,
     minval=1, maxval=9)
05  turtle.write(num,True,font=('宋体',18,'normal'))   # 输出获取的数字
06  turtle.done()                                      # 海龟绘图程序的结束语句
```

运行程序，将显示如图1.12所示的输入对话框。

输入数字0，并单击"OK"按钮，将弹出Too small对话框，提示输入的值不允许，请重新输入，如图1.13所示。

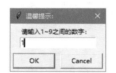

图 1.12　输入对话框

图 1.13　输入不允许的数值

单击"确定"按钮，关闭Too small对话框，将返回到输入对话框，输入7，并单击"OK"按钮后，在屏幕上将显示数字7.0，如图1.14所示。

图 1.14　输出输入对话框输入的数值

任务一：输出逐渐变大的文字

在海龟绘图中默认文字是同样大小并且一次性输出到屏幕上。本任务要求将一条你自己喜欢的名言警句逐字输出，并且逐渐变大。例

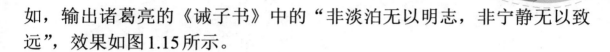

如，输出诸葛亮的《诫子书》中的"非淡泊无以明志，非宁静无以致远"，效果如图1.15所示。

任务二：根据用户输入的边数绘制多边形

本任务要求通过输入对话框让用户输入一个数值，该数值作为要绘制多边形的边数，从而实现绘制指定边数的多边形。例如，用户在弹出的数字输入对话框中输入7，则绘制七边形，如图1.16所示。

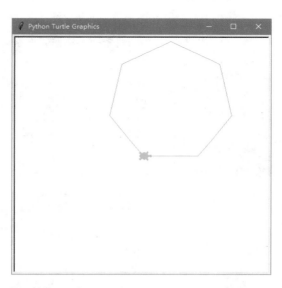

图1.15 输出逐渐变大的文字 图1.16 根据用户输入的边数绘制多边形

输出文字：turtle.write()

turtle模块

输入文字：turtle.textinput()

输入数字:turtle.numinput()

鼠标控制小海龟

本课学习目标

◆ 了解鼠标事件及监听方法

◆ 学会通过鼠标控制小海龟移动

◆ 掌握如何通过鼠标拖动小海龟移动

◆ 学习Python中的全局变量和局部变量的应用

扫描二维码
获取本课资源

想要实现模拟孙悟空的七十二变，主要技术点为设置背景图片、随机设置海龟形状为GIF图片和处理鼠标点击海龟事件，下面分别介绍。

准备背景图片：可以到网络上下载一张好看的背景图片，如图2.1所示。

图2.1　背景图片

随机设置海龟形状：可以到网络上下载7张代表形象的图片（格式为GIF图片）。例如，可以使用如图2.2所示的图片，这些图片的尺寸都为150×150像素。

img1.gif　　img2.gif　　img3.gif　　img4.gif　　img5.gif　　img6.gif　　img7.gif

图2.2　7张代表形象的GIF图片

然后从图2.2所示的7张图片中随机选择一张，并通过**addshape()**方法定义为画笔形状，接下来再通过shape()方法将刚刚定义的形状设置为画笔形状即可。

处理鼠标点击海龟事件：在海龟绘图中，处理鼠标点击事件主要由以下步骤完成：

① 编写当某事件被触发时执行的函数（也称回调函数）。该函数需要有两个参数，表示鼠标点击位置的x和y坐标。例如，定义名称

为 fun 的回调数，代码如下：

```
01  def fun(x,y):
02      # 需要执行操作的代码
```

② 调用处理鼠标点击事件的方法 onclick() 将鼠标按键（左键用 1 表示）与回调数绑定。例如，实现在单击鼠标左键时，调用 fun() 函数，代码如下：

```
turtle.onclick(fun,1)
```

根据任务探秘，可以得出如图 2.3 所示的流程图。

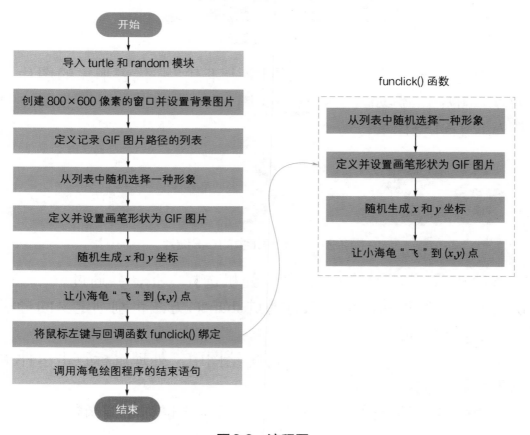

图 2.3　流程图

编程实现

创建一个Python文件，在该文件中，按以下步骤编写代码：

第1步 导入turtle和random模块，并创建一个800×600像素的窗口。

第2步 设置窗口背景图片，并定义一个记录GIF图片路径的列表，用于指定不同形象。

第3步 随机选择一种形象设置为画笔形状，以及将小海龟移动到一个随机位置，并调用海龟对象的onclick()方法设置单击鼠标左键时，随机更换海龟形状及位置。

第4步 调用海龟绘图程序的结束语句。

代码如下：

```
01  import turtle                              # 导入海龟绘图模块
02  import random                              # 导入随机数模块
03  turtle.setup(800,600)                      # 创建800×600像素的窗口
04  turtle.bgpic('pic/background.png')         # 设置背景图片
05  shapes=['pic/img1.gif','pic/img2.gif','pic/img3.gif','pic/img4.
    gif','pic/img5.gif','pic/img6.gif','pic/img7.gif']
06  shape = random.choice(shapes)              # 随机选择一种形象
07  turtle.addshape(shape,shape=None)          # 定义画笔形状为GIF图片
08  turtle.shape(shape)                        # 设置使用新定义的画笔形状
09  turtle.penup()                             # 抬笔
10  x = random.randint(-300,300)               # 随机生成x坐标
11  y = random.randint(-200,200)               # 随机生成y坐标
12  turtle.goto(x,y)                           # 移动到指定位置
13  def funclick(x,y):
14      shape = random.choice(shapes)          # 随机选择一种形象
15      turtle.addshape(shape,shape=None)      # 定义画笔形状为GIF图片
16      turtle.shape(shape)                    # 设置使用新定义的画笔形状
17      x = random.randint(-300,300)           # 随机生成x坐标
18      y = random.randint(-200,200)           # 随机生成y坐标
```

```
19      turtle.goto(x,y)                # 移动到指定位置
20 turtle.onclick(funclick,1)           # 处理单击鼠标左键事件
21 turtle.done()                        # 海龟绘图程序的结束语句
```

测试程序

运行程序，可以看到打开的窗口中，某个位置处显示一个卡通形象，如图2.4所示。单击该卡通形象，其将变为另一个卡通形象，并且逃离当前位置，效果类似孙悟空的七十二变。

图2.4　看我七十二变

优化程序

仔细观察上面程序的代码，可以发现，定义画笔形状和随机移动到指定位置的代码是重复的，对于这样的代码，我们可以将其定义为函数来解决重复编写的问题。修改后的代码如下：

```
01 import turtle                         # 导入海龟绘图模块
02 import random                         # 导入随机数模块
03 turtle.setup(800,600)                 # 创建800×600像素的窗口
04 turtle.bgpic('pic/background.png')    # 设置背景图片
05     shapes=['pic/img1.gif','pic/img2.gif','pic/img3.gif',
06             'pic/img4.gif','pic/img5.gif','pic/img6.gif','pic/img7.gif']
07 def change():
```

```
08      shape = random.choice(shapes)           # 随机选择一种形象
09      turtle.addshape(shape,shape=None)       # 定义画笔形状为GIF图片
10      turtle.shape(shape)                     # 设置使用新定义的画笔形状
11      turtle.penup()                          # 抬笔
12      x = random.randint(-300,300)            # 随机生成x坐标
13      y = random.randint(-200,200)            # 随机生成y坐标
14      turtle.goto(x,y)                        # 移动到指定位置
15  def funclick(x,y):
16      change()
17  change()                                    # 随机显示海龟光标
18  turtle.onclick(funclick,1)                  # 处理单击鼠标左键事件
19  turtle.done()                               # 海龟绘图程序的结束语句
```

运行程序，将看到与图2.4相同的效果。

 英语角

screen

屏幕、荧光屏、银幕、隔板

none

没有一个、毫无、一点都不，绝无、没有

release

释放、放出、放开、松开

click

点击、豁然开朗、"咔嗒"声、（对计算机鼠标的）单击

add

添加、加、增加、补充说、继续说

drag

拖曳、拖，拉，拽，扯、（用鼠标）拖动

处理鼠标点击屏幕事件

功能：处理鼠标点击屏幕事件。

语法：

```
turtle.onscreenclick(fun, btn=1, add=None)
```

fun：表示一个函数，用于指定当鼠标按键被按下时执行的函数。该函数调用时将传入两个参数，表示在屏幕上点击位置的坐标，所以指定的函数需要带有两个参数。

btn：鼠标按键编号，默认值为1（鼠标左键）、2（鼠标中键，即按下滑轮）、3（鼠标右键），如图2.5所示。

add：一个布尔值，表示是否添加新的绑定。如果为True，则添加一个新绑定，否则将取代先前的绑定。

图2.5　鼠标按键编号

布尔值：布尔值即布尔类型的值，只有两个，一个是真，另一个是假。在Python中，将True（真）和False（假）解释为布尔值。

如果将fun参数设置为None，则移除事件绑定。

举例： 当使用鼠标左键点击屏幕时，显示点击位置的坐标，代码如下：

```
01  import turtle                    # 导入海龟绘图模块
02  def funclick(x,y):
03      turtle.clear()               # 清空屏幕
```

```
04        turtle.write((x,y),font=('宋体',15,'normal'))  # 输出坐标位置
05    turtle.onscreenclick(funclick,1)  # 单击鼠标左键
06    turtle.done()                               # 海龟绘图程序的结束语句
```

运行上面的代码，单击屏幕将显示单击位置的坐标，如图2.6所示。

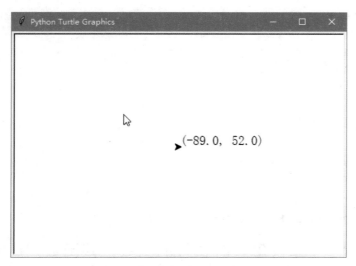

图2.6　显示单击位置的坐标

处理鼠标点击海龟事件

功能： 处理鼠标点击海龟事件。

语法：

```
turtle.onclick(fun, btn=1, add=None)
```

fun： 表示一个函数，用于指定当鼠标按键被按下时执行的函数。该函数调用时将传入两个参数，表示在屏幕上点击位置的坐标，所以指定的函数需要带有两个参数。

btn： 鼠标按键编号，默认值为1（鼠标左键）、2（鼠标中键，即按下滑轮）、3（鼠标右键）。

add： 一个布尔值，表示是否添加新绑定。如果为True，则添加一个新绑定，否则将取代先前的绑定。

举例： 单击屏幕中的海龟时，显示当前坐标位置，代码如下：

```
01  import turtle                                    # 导入海龟绘图模块
02  t = turtle.Turtle()                              # 创建海龟对象
03  t.shape('turtle')                                # 设置画笔形状
04  def funclick(x,y):
05      turtle.clear()                               # 清空屏幕
06      turtle.write((x,y),font=('宋体',15,'normal'))  # 显示坐标位置
07  t.onclick(funclick,1)                            # 单击海龟
08  turtle.done()                                    # 海龟绘图程序的结束语句
```

运行上面的代码，只在单击屏幕上的小海龟时，才会显示当前坐标位置。

处理鼠标释放事件

功能：处理鼠标释放事件。

语法：

turtle.onrelease(fun, btn=1, add=None)

fun：表示一个事件触发时执行的函数。该函数调用时将传入两个参数，表示释放鼠标按键时鼠标位置的坐标，所以指定的函数需要带有两个参数。

btn：鼠标按键编号，默认值为1（鼠标左键）、2（鼠标中键，即按下滑轮）、3（鼠标右键）。

add：一个布尔值，表示是否添加新绑定。如果为True，则添加一个新绑定，否则将取代先前的绑定。

举例：创建一个海龟对象，当用户在海龟对象上按下鼠标左键并释放时，显示释放时鼠标位置的坐标，代码如下：

```
01  import turtle                                    # 导入海龟绘图模块
02  t = turtle.Turtle()                              # 创建海龟对象
03  t.shape('turtle')                                # 指定画笔形状
04  def fun(x,y):
05      turtle.clear()                               # 清空屏幕
06      turtle.write((x,y),font=('宋体',15,'normal'))  # 显示坐标位置
07  t.onrelease(fun,1)                               # 处理鼠标释放事件
08  turtle.done()                                    # 海龟绘图程序的结束语句
```

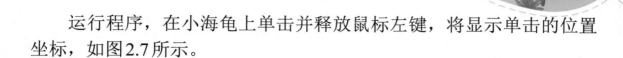

　　运行程序，在小海龟上单击并释放鼠标左键，将显示单击的位置坐标，如图2.7所示。

(0.0, 2.0)

图2.7　显示单击的位置坐标

处理鼠标拖动事件

　　功能：处理鼠标拖动事件。
　　语法：

```
turtle.ondrag(fun, btn=1, add=None)
```

　　fun：表示按住鼠标左键并拖动时执行的函数。该函数调用时将传入两个参数，表示释放鼠标按键时鼠标位置的坐标，所以指定的函数需要带有两个参数。

　　btn：鼠标按键编号，默认值为1（鼠标左键）、2（鼠标中键，即按下滑轮）、3（鼠标右键）。

　　add：一个布尔值，表示是否添加新绑定。如果为True，则添加一个新绑定，否则将取代先前的绑定。

> **说明**
>
> 　　当画笔为落笔状态时，在海龟对象上单击并拖动海龟可在屏幕上手绘线条。

　　举例：创建一个海龟对象，并且为该对象添加拖动事件，实现拖动屏幕中的海龟时，在屏幕上手绘线条，代码如下：

```
01  import turtle              # 导入海龟绘图模块
02  t = turtle.Turtle()       # 创建海龟对象
03  t.shape('turtle')         # 设置画笔形状
04  t.color('blue')           # 设置画笔颜色
05  turtle.listen()           # 让海龟屏幕获得焦点
06  def fun(x,y):
```

```
07      t.pendown()                    # 落笔
08      t.goto(x,y)                    # 移动到指定坐标
09  t.ondrag(fun,1)                    # 处理拖动事件
10  turtle.done()                      # 海龟绘图程序的结束语句
```

运行上面的代码，效果如图2.8所示。

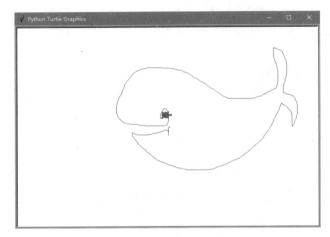

图2.8　在屏幕上手绘线条

局部变量

局部变量是指在函数内部定义并使用的变量，它只在函数内部有效。即函数内部的名字只在函数运行时才会创建，在函数运行之前或者运行完毕之后，所有的名字就都不存在了。所以，如果在函数外部使用函数内部定义的变量，就会出现抛出NameError异常。

举例：定义一个名称为f_demo的函数，在该函数内部定义一个变量message（称为局部变量），并为其赋值，然后输出该变量，最后在函数体外部再次输出message变量，代码如下：

```
01  def f_demo():
02      message = '不积跬步，无以至千里。'
03      print('局部变量message =',message)       # 输出局部变量的值
04  f_demo()                                     # 调用函数
05  print('局部变量message =',message)           # 在函数体外输出局部变量的值
```

运行上面的代码将显示如图2.9所示的异常。

```
局部变量message = 不积跬步，无以至千里。
Traceback (most recent call last):
  File "C:\python\demo.py", line 5, in <module>
    print('局部变量message =',message)# 在函数体外输出局
部变量的值
NameError: name 'message' is not defined
```

图2.9　要访问的变量不存在

全局变量

与局部变量对应，全局变量为能够作用于函数内外的变量。全局变量主要有以下两种情况。

① 如果在函数外定义一个变量，那么不仅在函数外可以访问，在函数内也可以访问。在函数体以外定义的变量是全局变量。

举例：定义一个全局变量message，然后再定义一个函数，在该函数内输出全局变量message的值，代码如下：

```
01  message = '不积跬步,无以至千里.'          # 全局变量
02  def f_demo():
03      print('函数体内：全局变量message =',message)
    # 在函数体内输出全局变量的值
04  f_demo()                                  # 调用函数
05  print('函数体外：全局变量message =',message)
    # 在函数体外输出全局变量的值
```

运行上面的代码，将显示以下内容：

```
函数体内：全局变量message = 不积跬步，无以至千里。
函数体外：全局变量message = 不积跬步，无以至千里。
```

> 🐛 **说明**
>
> 当局部变量与全局变量重名时，对函数体内的变量进行赋值后，不影响函数体外的变量。

② 在函数体内定义一个变量，并且使用global关键字修饰后，该变量也就变为全局变量。在函数体外也可以访问到该变量，并且在函

数体内还可以对其进行修改。

举例：定义两个同名的全局变量和局部变量，并输出它们的值，代码如下：

```
01  message = '不积跬步，无以至千里。'        # 全局变量
02  print('函数体外：message =',message)      # 在函数体外输出全局变量的值
03  def f_demo():
04      message = '不积小流，无以成江海。'      # 局部变量
05      print('函数体内：message =',message)   # 在函数体内输出局部变量的值
06  f_demo()                                  # 调用函数
07  print('函数体外：message =',message)      # 在函数体外输出全局变量的值
```

执行上面的代码后，将显示以下内容。

```
函数体外：message = 不积跬步，无以至千里。
函数体内：message = 不积小流，无以成江海。
函数体外：message = 不积跬步，无以至千里。
```

从上面的结果中可以看出，在函数内部定义的变量即使与全局变量重名，也不影响全局变量的值。那么想要在函数体内部改变全局变量的值，需要在定义局部变量时，使用global关键字修饰。例如，将上面的代码修改为以下内容：

```
01  message = '不积跬步，无以至千里。'        # 全局变量
02  print('函数体外：message =',message)      # 在函数体外输出全局变量的值
03  def f_demo():
04      global message                        # 将message声明为全局变量
05      message = '不积小流,无以成江海。'      # 全局变量
06      print('函数体内：message =',message)   # 在函数体内输出全局变量的值
07  f_demo()                                  # 调用函数
08  print('函数体外：message =',message)      # 在函数体外输出全局变量的值
```

执行上面的代码后，将显示以下内容。

```
函数体外：message = 不积跬步，无以至千里。
函数体内：message = 不积小流，无以成江海。
函数体外：message = 不积小流，无以成江海。
```

从上面的结果中可以看出，在函数体内部修改了全局变量的值。

任务一：鼠标控制烟花何时谢幕

修改上册图书中的"完美谢幕"一课的实例"烟花绽放后谢幕（关闭窗口）"，实现烟花可以无限次绽放，直到单击窗口中的舞台背景时才关闭窗口。效果如图2.10所示。

图2.10　鼠标控制烟花何时谢幕

任务二：追逐鼠标的红点

本任务要求编写一段Python代码，将画笔形状设置为圆点，画笔颜色为红色，然后实现单击屏幕时光标移动到点击位置，同时在原位置和新位置之间画一条线，再次单击则继续画线，如图2.11所示。当单击鼠标右键时清空屏幕，光标位置不动。

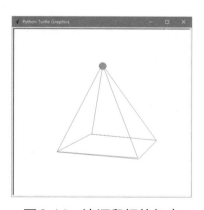

图2.11　追逐鼠标的红点

处理鼠标点击屏幕事件：turtle.onscreenclick()

处理鼠标点击海龟对象事件：turtle.onclick()

处理鼠标释放事件：turtle.onrelease()

处理鼠标拖动事件：turtle.ondrag()

turtle模块

Python

列表

函数

局部变量

全局变量

键盘控制小海龟

 本课学习目标

- ◆ 了解键盘事件及监听方法
- ◆ 学会通过键盘控制小海龟移动
- ◆ 了解如何设置海龟的朝向
- ◆ 掌握如何获取海龟的x和y坐标

扫描二维码
获取本课资源

通过前面的漫画我们知道，这节课想要实现通过键盘控制飞机移动，主要技术点为将海龟形状设置为飞机和处理键盘事件，下面分别介绍。

将海龟形状设置为飞机：可以到网络中下载一张代表飞机的图片（格式为GIF图片），例如，可以使用如图3.1所示的图片，该图片尺寸为124×128像素。

图3.1　飞机图片

然后通过addshape()方法将该GIF图片定义为形状，接下来再通过shape()方法将刚刚定义的形状设置为画笔形状即可。

处理键盘事件：在海龟绘图中，处理键盘事件主要由以下步骤完成。

① 让海龟屏幕（TurtleScreen）获得焦点，通过turtle.listen()方法实现。

② 编写事件触发时执行的函数（也称回调函数）。

③ 调用处理键盘事件的方法将按键与回调函数绑定，通过onkey()、onkeyrelease()或者onkeypress()方法实现。

根据任务探秘，可以得出如图3.2所示的流程图。

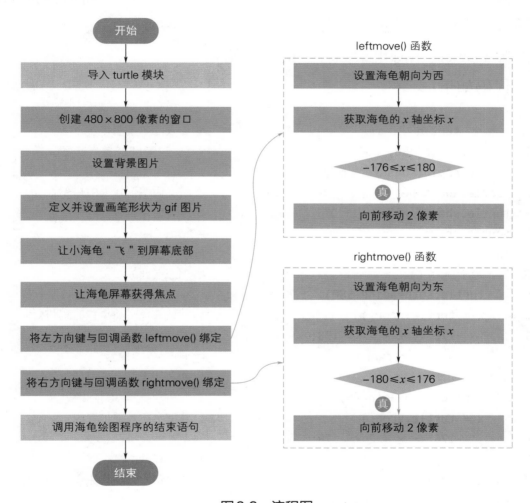

图3.2 流程图

编程实现

创建一个Python文件，在该文件中，按以下步骤编写代码：

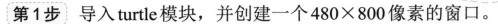

第1步 导入turtle模块，并创建一个480×800像素的窗口。

第2步 设置背景图片和画笔形状（设置为代表飞机的gif图片），并让小海龟"飞"到屏幕底部。

第3步 定义两个函数，分别表示按下"←""→"键时对应的回调函数，并将其绑定到对应的按键上。

第4步 调用海龟绘图程序的结束语句。

代码如下：

```
01  import turtle                                    # 导入海龟绘图模块
02  turtle.setup(480, 800)                           # 创建480×800像素的窗口
03  turtle.bgpic('background.png')                   # 设置背景图片
04  turtle.addshape('plane.gif', shape=None)         # 定义画笔形状为GIF图片
05  turtle.shape('plane.gif')                        # 设置使用新定义的画笔形状
06  turtle.penup()                                   # 抬笔
07  turtle.goto(0, -300)                             # 移动到屏幕底部
08  def leftmove():                                  # 朝左（西）
09      turtle.setheading(180)
10      x = turtle.xcor()                            # 获取海龟当前位置的x坐标值
11      if -178 <= x - 2 <= 178:
12          turtle.forward(2)                        # 向前移动2像素
13  def rightmove():                                 # 朝右（东）
14      turtle.setheading(0)
15      x = turtle.xcor()                            # 获取海龟当前位置的x坐标值
16      if -178 <= x + 2 <= 178:
17          turtle.forward(2)                        # 向前移动2像素
18  turtle.listen()                                  # 让海龟屏幕获得焦点
19  turtle.onkeypress(leftmove, 'Left')              # 按下向左方向键
20  turtle.onkeypress(rightmove, 'Right')            # 按下向右方向键
21  turtle.done()                                    # 海龟绘图程序的结束语句
```

测试程序

运行程序，将显示如图3.3所示的效果，按下键盘上的"←""→"键，可以左右移动飞机，例如，按下"→"键向右移动一定距离后，效果如图3.4所示。

优化程序

在上面的程序中，窗口的尺寸和判断飞机是否超出边界时，都是直接写的数字，这样的程序缺乏灵活性，所以我们可以将这些内容定义为变量，这样再对程序进行修改时就比较方便。例如，当需更改窗口大小时，直接修改变量的值即可。修改后的代码如下：

```
01  import turtle                                # 导入海龟绘图模块
02  width = 480                                  # 窗口宽度
03  height = 800                                 # 窗口高度
04  turtle.setup(width, height)                  # 创建480×800像素的窗口
05  turtle.bgpic('background.png')               # 设置背景图片
06  turtle.addshape('plane.gif', shape=None)     # 定义画笔形状为GIF图片
07  turtle.shape('plane.gif')                    # 设置使用新定义的画笔形状
08  turtle.penup()                               # 抬笔
09  turtle.goto(0, -height / 2 + 100)            # 移动到屏幕底部
10  def leftmove():                              # 朝左（西）
11      turtle.setheading(180)
12      x = turtle.xcor()                        # 获取海龟当前位置的x坐标值
13      if -width / 2 + 124 / 2 <= x - 2 <= width / 2 - 124 / 2:
14          turtle.forward(2)                    # 向前移动2像素
15  def rightmove():                             # 朝右（东）
16      turtle.setheading(0)
17      x = turtle.xcor()                        # 获取海龟当前位置的x坐标值
18      if -width / 2 + 124 / 2 <= x + 2 <= width / 2 - 124 / 2:
19          turtle.forward(2)                    # 向前移动2像素
20  turtle.listen()                              # 让海龟屏幕获得焦点
21  turtle.onkeypress(leftmove, 'Left')          # 按下向左方向键
22  turtle.onkeypress(rightmove, 'Right')        # 按下向右方向键
23  turtle.done()                                # 海龟绘图程序的结束语句
```

运行程序，效果与图3.3和图3.4相同。

图3.3　默认效果

图3.4　向右移动的效果

 英语角

key

钥匙、关键、键、答案、用键盘输入、键入、关键的

release

释放、放出、放走、放开、松开、解除、公开、解脱

space

空间、空隙、空子、空当、宽敞、空旷

listen

（注意地）听、听从、听信

press

按、（被）压、推、施加压力、坚持

move

移动、变化、改变、转变、前进、进步、搬家、行动

海龟绘图中常用键盘按键

在海龟绘图中，常用的键盘按键对应的字符串如表3.1所示。

表3.1 常用的键盘按键对应的字符串

键盘按键	字符串	键盘按键	字符串
A～Z键	A～Z	a～z键	a～z
0～9键（支持小键盘）	0～9	空格键	space
↑键	Up	↓键	Down
→键	Right	←键	Left
Enter键（回车）	Return	退格键	BackSpace
左Shift键	Shift_L	右Shift键	Shift_R
左Ctrl键	Control_L	右Ctrl键	Control_R
左Alt键	Alt_L	右Alt键	Alt_R
F1～F12键	F1～F12	Tab键	Tab

让海龟屏幕获得焦点

功能： 在执行键盘事件监听时，需要调用listen()方法，让海龟屏幕获得焦点，为接收键盘事件做好准备。

语法：

```
turtle.listen()
```

处理按键按下并释放事件

功能： 当按键被按下并释放时发生。

语法：

```
turtle.onkey(fun, key)
```

fun：必选参数，表示一个无参数的函数，用于指定当按下并释放指定按键时执行的函数。也可以指定为None，表示什么都不做。

key：必选参数，表示被按下的键对应的字符串，如"a"或"space"。当指定"a"时，表示当按下并释放"a"键时，执行fun参数

所指定函数。

举例：当按下并释放键盘上的"w"键时，海龟向上移动100像素，代码如下：

```
01  import turtle              # 导入海龟绘图模块
02  def funmove():
03      turtle.left(90)        # 逆时针旋转90度
04      turtle.forward(100)    # 向前移动100像素
05  turtle.listen()            # 让海龟屏幕获得焦点
06  turtle.onkey(funmove,'w')  # 按下并释放w键
07  turtle.done()              # 海龟绘图程序的结束语句
```

运行上面的代码，当按下并释放键盘上的"w"键时，屏幕上的向右箭头将逆时针旋转90度，并且快速向上移动100像素并画线。

处理按键被按下（不释放）事件

功能：当按键被按下（不释放）时发生。
语法：

```
turtle.onkeypress(fun, key)
```

fun：表示一个无参数的函数，用于指定当按下（不释放）指定按键时执行的函数。也可以指定为 None，表示什么都不做。

key：可选参数，表示被按下的键对应的字符串，如 "a" 或 "space"。当指定 "a" 时，表示当按下（不松开）"a"键时执行 fun 参数所指定函数。如果未指定，则移除事件绑定。

举例：当一直按下（不释放）键盘上的"↑"键时，让海龟一直向前移动，释放按键即停止移动，代码如下：

```
01  import turtle                  # 导入海龟绘图模块
02  def funmove():
03      turtle.forward(1)          # 向前移动1像素
04  turtle.listen()                # 让海龟屏幕获得焦点
05  turtle.onkeypress(funmove,'Up')# 按下向上方向
06  turtle.done()                  # 海龟绘图程序的结束语句
```

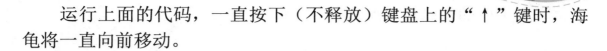

运行上面的代码，一直按下（不释放）键盘上的"↑"键时，海龟将一直向前移动。

设置海龟的朝向

功能：实现不管小海龟当前的朝向，而直接设置为所需朝向。

 说明

在海龟绘图中，可以通过左、右旋转来改变小海龟的朝向（即头所对应的方向）。不过，通过这种方法旋转后，并不能直接确定小海龟朝向，因为当前的朝向与旋转前海龟的朝向有关。

语法：

```
turtle.setheading(to_angle)
```

to_angle：一个数值，用来指定海龟的朝向，即以角度表示的方向。海龟的几个常用方向如图3.5所示。

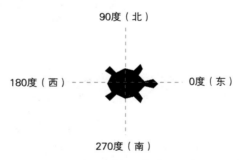

图3.5　海龟朝向示意图

 说明

setheading()方法也可以简化为seth()。这两个方法没有区别，使用哪个都行。建议使用setheading()。

举例：设置海龟的朝向为正北方可以使用下面的代码。

```
turtle.setheading(90)
```

运行上面的代码后，海龟的朝向如图3.6所示。

图3.6　海龟的朝向为正北方

获取海龟的x坐标

　　功能：获取小海龟当前所在位置的x坐标。

　　语法：

```
turtle.xcor()
```

　　举例：当海龟位于原点时，先让其前进300像素，然后让其左转90度，再前进400像素，最后调用xcor()方法获取它的x坐标。代码如下：

```
01  import turtle              # 导入海龟绘图模块
02  turtle.shape('turtle')    # 显示海龟光标
03  turtle.forward(300)       # 前进300像素
04  turtle.left(90)           # 左转90度
05  turtle.forward(400)       # 前进400像素
06  print(turtle.xcor())      # 获取x坐标
07  turtle.done()             # 海龟绘图程序的结束语句
```

运行上面的代码，在IDLE Shell中将显示如图3.7所示的x坐标。

```
300.0
```

图3.7　获取海龟的x坐标

获取海龟的 y 坐标

功能：获取小海龟当前所位置的 y 坐标。

语法：

```
turtle.ycor()
```

举例：当海龟位于原点时，先让其前进300像素，然后让其左转90度，再前进400像素，最后调用ycor()方法获取它的 y 坐标。代码如下：

```
01  import turtle            # 导入海龟绘图模块
02  turtle.shape('turtle')   # 显示海龟光标
03  turtle.forward(300)      # 前进300像素
04  turtle.left(90)          # 左转90度
05  turtle.forward(400)      # 前进400像素
06  print(turtle.ycor())     # 获取y坐标
07  turtle.done()            # 海龟绘图程序的结束语句
```

运行上面的代码，在IDLE Shell中将显示如图3.8所示的 y 坐标。

400.0

图3.8　获取海龟的 y 坐标

任务一：键盘控制烟花何时谢幕

修改上册中的"完美谢幕"一课的实例"烟花绽放后谢幕（关闭窗口）"，实现烟花可以无限次绽放，直到按下键盘上的"q"键才关闭窗口。效果如图3.9所示。

图3.9　键盘控制烟花何时谢幕

任务二：通过"←""→""↑""↓"键控制海龟移动

在游戏中，通过按下键盘上的"←""→""↑""↓"键来控制海龟移动。例如，按下"↑"键海龟头朝上，同时一直向前移动，如图3.10所示，按下"←"键海龟头朝左同时一直向左移动，如图3.11所示。

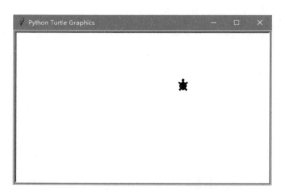

图3.10　按下"↑"键

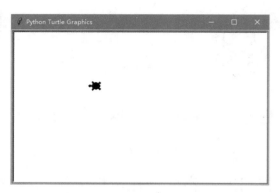

图3.11　按下"←"键

让海龟屏幕获得焦点：turtle.listen()

当按键被按下并释放时发生：turtle.onkey()

当按键被按下（不释放）时发生：turtle.onkeypress()

turtle模块

设置海龟的朝向：turtle.setheading()

获取海龟的x坐标：turtle.xcor()

获取海龟的y坐标：turtle.ycor()

Python

if语句

函数

运算符与表达式

守时的小海龟

本课学习目标

◆ 掌握计时器的应用
◆ 学会无限递归函数的使用

扫描二维码
获取本课资源

实现打地鼠游戏的主要技术点为设置背景图片、设置海龟形状为 GIF 图片（模拟地鼠）、让地鼠每隔一段时间显示一次和处理鼠标点击海龟事件（实现打地鼠功能），下面分别介绍。

设置背景图片：可以到网络中下载一张好看的背景图片，如图 4.1 所示。该图片的尺寸为 1280×720 像素。

图 4.1　背景图片

设置海龟形状为 GIF 图片（模拟地鼠）：可以到网络上下载一张代表地鼠的图片（格式为 GIF 图片）。例如，可以使用如图 4.2 所示的图片，该图片的尺寸为 140×140 像素。

图 4.2　代表地鼠的 GIF 图片

然后通过 addshape() 方法将该 GIF 图片定义为形状，接下来再通过 shape() 方法将刚刚定义的形状设置为画笔形状即可。

让地鼠每隔一段时间显示一次：由于地鼠会多次出现，所以这里需要定义一个函数。在该函数中，先让地鼠隐藏，并移动到一个随机的位置，然后显示地鼠。为了让地鼠停留一会儿再消失，这里需要使用海龟绘图的计时器方法**ontimer()**。具体过程如图4.3所示。

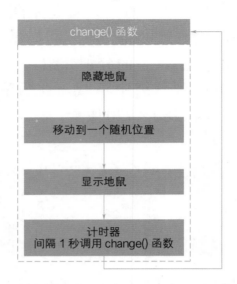

图4.3　让地鼠每隔一段时间显示一次的实现过程

处理鼠标点击海龟事件（实现打地鼠功能）：在海龟绘图中，处理鼠标点击事件主要由以下步骤完成。

① 定义一个变量number，用于记录打到地鼠的数量。

② 编写事件触发时执行的函数（也称回调函数）。该函数需要有两个参数，表示鼠标点击位置的x和y坐标。在该函数中，累加打到的地鼠数量并输出。

 说明

这里的x和y坐标没有用，但是也必须写上，不写程序会出错。

③ 调用处理鼠标点击事件的方法onclick()将鼠标按键（左键用1表示）与回调函数绑定。例如，实现在单击鼠标左键时，调用fun()函数，代码如下：

```
turtle.onclick(fun,1)
```

规划流程

根据任务探秘，可以得出如图4.4所示的流程图。

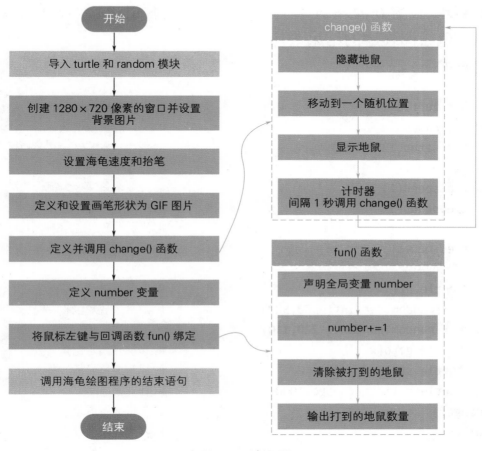

图4.4 流程图

探索实践

编程实现

创建一个Python文件，在该文件中，按以下步骤编写代码：

第1步 导入turtle和random模块，并创建一个1280×720像素的窗口。

第2步 设置窗口背景图片和海龟速度，并定义和设置画笔形状为GIF图片。

第3步 定义一个随机移动并显示地鼠的方法change()，在该方法中，需要调用ontimer()计时器方法每隔1秒调用一次change()函数。

第4步 设置在海龟对象上单击鼠标左键时记录打到地鼠的数量，并调用海龟绘图程序的结束语句。

代码如下：

```python
01  import turtle                                # 导入海龟绘图模块
02  import random                                # 导入随机数模块
03  turtle.setup(1280,720)                       # 创建1280×720像素的窗口
04  turtle.bgpic('pic/background.png')           # 设置背景图片
05  turtle.speed(1)                              # 设置海龟速度为最慢
06  turtle.penup()                               # 抬笔
07  turtle.addshape('pic/mole.gif',shape=None)   # 定义画笔形状为GIF图片
08  turtle.shape('pic/mole.gif')                 # 设置使用新定义的画笔形状
09  def change():
10      turtle.ht()                              # 隐藏海龟光标
11      x = random.randint(-500,500)             # 随机生成x坐标
12      y = random.randint(-220,110)             # 随机生成y坐标
13      turtle.goto(x,y)                         # 移动到指定位置
14      turtle.st()                              # 显示海龟光标
15      turtle.ontimer(change,1000)              # 计时器
16  change()                                     # 随机显示海龟光标
17  number = 0                                   # 打到地鼠的数量
18  def fun(x,y):                                # 累加打到地鼠的数量
19      global number                            # 全局变量
20      number += 1                              # 打到的地鼠数量加1
21      turtle.clear()                           # 清除被打到的地鼠
22      print('打到',number,'只地鼠')             # 输出
23  turtle.onclick(fun,1)                        # 处理单击鼠标左键事件
24  turtle.done()                                # 海龟绘图程序的结束语句
```

测试程序

运行程序，可以看到打开的窗口中，有一只可爱的小地鼠不定时地从草地上的不同位置钻出，停留1秒后消失，如图4.5所示。当我们

用鼠标点击它时，程序会自动计数，并且在IDLE Shell上提示共打到了几只地鼠，如图4.6所示。

图4.5　打地鼠

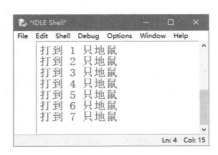

图4.6　显示打到几只地鼠

优化程序

前面的程序是在控制台上打印的游戏结果，为了改善用户体验效果，可以将游戏结果显示在游戏窗口上，通过海龟对象的write()方法实现。修改后的代码如下：

```
01  import turtle                                    # 导入海龟绘图模块
02  import random                                    # 导入随机数模块
03  turtle.setup(1280,720)                           # 创建1280×720像素的窗口
04  turtle.bgpic('pic/background.png')               # 设置背景图片
05  turtle.speed(1)                                  # 设置海龟速度为最慢
06  turtle.penup()                                   # 抬笔
07  turtle.addshape('pic/mole.gif',shape=None)       # 定义画笔形状为GIF图片
08  turtle.shape('pic/mole.gif')                     # 设置使用新定义的画笔形状
09  def change():
```

```
10      turtle.ht()                                    # 隐藏海龟光标
11      x = random.randint(-500,500)                   # 随机生成x坐标
12      y = random.randint(-220,110)                   # 随机生成y坐标
13      turtle.goto(x,y)                               # 移动到指定位置
14      turtle.st()                                    # 显示海龟光标
15      turtle.ontimer(change,1000)                    # 计时器
16  change()                                           # 随机显示一只地鼠
17  t = turtle.Turtle()                                # 创建一个显示提示文字的海龟对象
18  t.ht()                                             # 隐藏海龟对象的光标
19  t.penup()                                          # 抬笔
20  t.goto(400,280)                                    # 移动到文字开始位置
21  number = 0                                         # 打到地鼠的数量
22  def fun(x,y):                                      # 累加打到地鼠的数量
23      global number                                  # 全局变量
24      number += 1                                    # 打到的地鼠数量加1
25      turtle.clear()                                 # 清除被打到的地鼠
26      t.clear()                                      # 清除提示文字
27      message = '打到【'+str(number)+'】只'
28      t.write(message,font=('宋体',18,'normal'))      # 显示提示文字
29  turtle.onclick(fun,1)                              # 处理单击鼠标左键事件
30  turtle.done()                                      # 海龟绘图程序的结束语句
```

运行程序，可以看到打开的窗口中，有一只可爱的小地鼠不定时地从草地上的不同位置钻出，停留1秒后消失。当我们用鼠标点击它时，在窗口的右上角显示打到了几只地鼠，如图4.7所示。

图4.7　在窗口上显示打到几只地鼠

 英语角

timer

时计、计时器、跑表、定时器

mole

鼹鼠(体小，视力极差，居住在挖掘的地道)

story

故事、小说、对往事的叙述、情节、讲……的故事

function

作用、功能、职能、机能、函数、运转

message

消息、(书面或口头的)信息、音信、信息

计时器

功能：实现一个计时器，用于当达到指定时间时，执行一个操作。

语法：

```
turtle.ontimer(function, t=0)
```

function：无参数的函数，当计时器到达指定时间时执行。

t：指定一个大于等于0的数值，表示多长时间（单位为毫秒）后触发function指定的函数。

举例：安装一个计时器，在300毫秒后调用画正方形的函数，代码如下：

```
01  import turtle                    # 导入海龟绘图模块
02  def fun():                       # 绘制正方形
03      for i in range(4):
04          turtle.forward(100)
05          turtle.left(90)
06  turtle.ontimer(fun, 300)         # 设置计时器
07  turtle.done()                    # 海龟绘图程序的结束语句
```

运行程序，等待300毫秒后，将绘制一个正方形。

无限递归函数

递归函数是编程里特别有意思，也比较有挑战的函数。简单理解就是函数内部还会再调用自己。这类似于老和尚讲故事：从前有座山，山里有座庙，庙里有个老和尚在给小和尚讲故事，故事是：从前有座山，山里有座庙，庙里有个老和尚在给小和尚讲故事，故事是：从前有座山……

对于这个场景通过Python实现，代码如下：

```
01  # 定义函数
02  def story():
03      print( '从前有座山，山里有座庙，庙里有个老和尚在给小和尚讲故事，故事是：')
04      story()                    # 递归调用函数
05  story()                        # 调用函数
```

运行上面的代码，在IDLE Shell窗口中，将不断地输出"从前有座山，山里有座庙，庙里有个老和尚在给小和尚讲故事，故事是："。如图4.8所示。

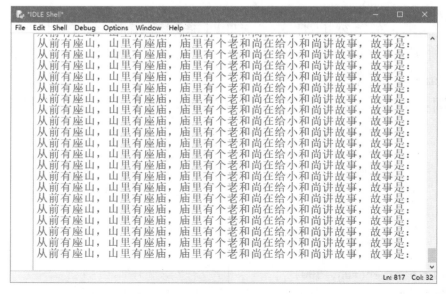

图4.8　调用递归函数的结果

由于计算机的内存容量有限，这样的无限递归很快会超过最大递归深度，从而显示如图4.9所示的错误信息。如果不想看到这样的错误信息，可以提前按下Ctrl+C键退出。

```
从前有座山，山里有座庙，庙里有个老和尚在给小和尚讲故事，故事是：
Traceback (most recent call last):
  File "C:\python\demo.py", line 5, in <module>
    story()   # 调用函数
  File "C:\python\demo.py", line 4, in story
    story()   # 调用函数
  File "C:\python\demo.py", line 4, in story
    story()   # 调用函数
  File "C:\python\demo.py", line 4, in story
    story()   # 调用函数
  [Previous line repeated 1009 more times]
  File "C:\python\demo.py", line 3, in story
    print('从前有座山，山里有座庙，庙里有个老和尚在给小和尚讲故事，故事是：')
RecursionError: maximum recursion depth exceeded while pickling an object
```

图4.9　超过最大递归深度

任务一：烟花绽放10秒后自动谢幕

　　修改上册图书中的"完美谢幕"一课的实例"烟花绽放后谢幕（关闭窗口）"，实现烟花绽放10秒后，自动关闭窗口。效果如图4.10所示。

图4.10　烟花绽放10秒后自动谢幕

任务二：10秒倒计时

本任务要求编写一段Python代码，实现10秒倒计时程序，如图4.11所示。当10秒倒计时结束后，显示"倒计时完成"，如图4.12所示。

图4.11　10秒倒计时图

图4.12　倒计时完成的效果

第5课

螺旋彩虹圈

 本课学习目标

- ◆ 巩固递归函数的应用
- ◆ 掌握如何绘制多个不同颜色、
  不同大小的圆

扫描二维码
获取本课资源

所谓螺旋彩虹圈就是在窗口中通过不断旋转和移动位置来绘制彩虹色的圆圈，效果如图5.1所示。

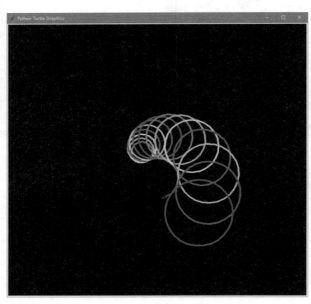

图5.1　螺旋彩虹圈

实现该功能，主要有以下两个技术点。

无限次循环获取颜色列表中的颜色：由于彩虹圈由红、橙、黄、绿、青、蓝、紫七种颜色组成，而我们的彩虹圈的圆圈数量远不止7个，这就需要无限次循环获取。可以使用Python内置模块**itertools**的**cycle()**方法生成一个可以无限次循环的可迭代对象，再通过**next()**函数依次获取。

通过递归函数不断绘制旋转和移动的彩虹圈：编写一个绘制彩虹色圆圈的函数，在该函数中，再调用该函数，并且改变圆圈半径、旋转角度和偏移位置。如图5.2所示。

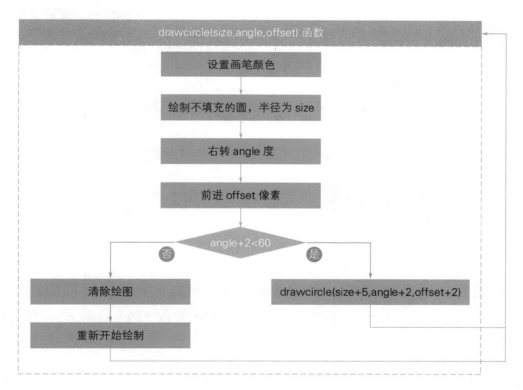

图5.2　递归函数的实现过程

根据任务探秘，可以得出如图5.3所示的流程图。

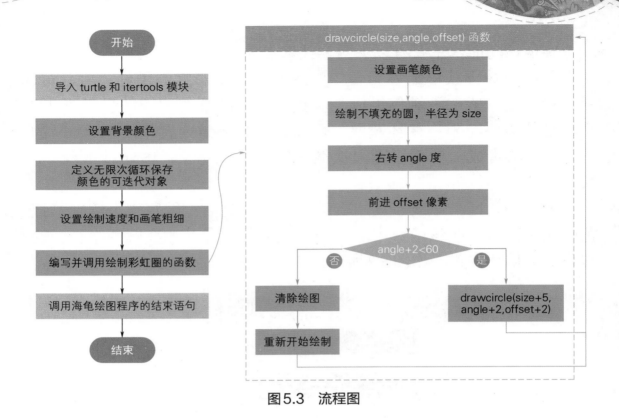

图5.3 流程图

编程实现

创建一个Python文件，在该文件中，按以下步骤编写代码：

第1步 导入turtle和itertools模块，并设置窗口背景颜色、绘制速度和画笔粗细。

第2步 定义一个保存颜色的可迭代对象。

第3步 定义绘制圆环的函数drawcircle()，在该函数中，当旋转角度小于60度时，递归调用drawcircle()函数，否则清除绘图，重新开始。

第4步 递归函数的初始调用，并调用海龟绘图程序的结束语句。

代码如下：

```
01  import turtle                                      # 导入海龟绘图模块
02  import itertools                                   # 导入随机数模块
03  turtle.bgcolor('black')                            # 设置背景颜色
04  turtle.speed(0)                                    # 设置绘制速度为最快
05  turtle.pensize(5)                                  # 设置画笔粗细
06  # 定义可无限次循环保存颜色的可迭代对象
07  colors = itertools.cycle(['red','orange','yellow','green','cyan',
    'blue','purple'])
08  def drawcircle(size,angle,offset):
09      turtle.pencolor(next(colors))                  # 设置颜色
10      turtle.circle(size)                            # 绘制圆形
11      turtle.right(angle)                            # 右转
12      turtle.forward(offset)                         # 前进指定距离
13      if angle+2 < 60:                               # 当旋转角度小于60度时
14          drawcircle(size+5,angle+2,offset+2)        # 递归调用函数
15      else:
16          turtle.clear()                             # 清除绘图
17          drawcircle(30,0,1)                         # 重新开始
18  drawcircle(30,0,1)                                 # 调用函数
19  turtle.done()                                      # 海龟绘图程序的结束语句
```

测试程序

运行程序，可以看到打开的窗口中，不断有红、橙、黄、绿、青、蓝、紫七种颜色的圆圈由小变大呈螺旋状绘制出来，当到达如图5.4所示效果时，清空窗口重新开始绘制。

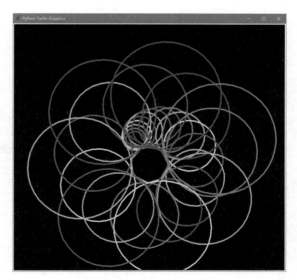

图5.4　螺旋彩虹圈

优化程序

仔细观察上面程序的运行结果，可以发现，每次绘制的起始位置是不同的，这是因为我们使用clear()方法清除绘图时，不改变画笔的状态和位置，如果想要恢复为默认状态和位置，需要将clear()方法

替换为reset()方法。修改后的代码如下：

```
01  import turtle                                          # 导入海龟绘图模块
02  import itertools                                       # 导入随机数模块
03  turtle.bgcolor('black')                                # 设置背景颜色
04  # 定义可无限次循环保存颜色的可迭代对象
05  colors = itertools.cycle(['red','orange','yellow','green','cyan',
    'blue','purple'])
06  def drawcircle(size,angle,offset):
07      turtle.speed(0)                                    # 设置绘制速度为最快
08      turtle.pensize(5)                                  # 设置画笔粗细
09      turtle.pencolor(next(colors))                      # 设置颜色
10      turtle.circle(size)                                # 绘制圆形
11      turtle.right(angle)                                # 右转
12      turtle.forward(offset)                             # 前进指定距离
13      if angle+2 < 60:                                   # 当旋转角度小于60度时
14          drawcircle(size+5,angle+2,offset+2)            # 递归调用函数
15      else:
16          turtle.reset()                                 # 清除绘图
17          drawcircle(30,0,1)                             # 重新开始
18  drawcircle(30,0,1)                                     # 调用函数
19  turtle.done()                                          # 海龟绘图程序的结束语句
```

运行程序，效果和图5.4相同。

iteration
迭代、（计算机）新版软件

angle
角、斜角、角度、斜移

tools
工具、器具

offset
偏移量、抵消、弥补、补偿、开端、出发

cycle
自行车、摩托车、循环、整套、骑自行车

next
下一个、下一位、下一件、紧接着、依次的

再谈递归函数

我们在第4课学习了无限递归函数。当使用无限递归函数时，会因为超过最大递归深度而报错。所以，这样的程序是不完善的，需要改进。也就是说，在进行递归调用时，需要设置临界点，即达到这个临界点时，中止本次递归。如图5.5所示。

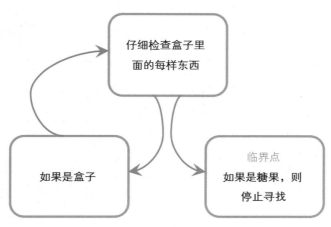

图5.5　递归调用

以老和尚讲故事为例进行说明。这次的故事是这样的：从前有座山，山里有座庙，庙里有个老和尚在给小和尚讲故事，故事是：从前有座山，山里有座庙，庙里有个老和尚在给小和尚讲故事，故事是：从前有座山……当老和尚讲完20遍后，小和尚睡着了，故事也就结束了。

通过Python实现这个场景，代码如下：

```
01  # 定义函数
02  def story(i):
03      print('从前有座山，山里有座庙，庙里有个老和尚在给小和尚讲故事，
              故事是：')
04      if i<20:                    # 中止递归的条件
05          story(i+1)              # 调用函数
06      else:
07          print('小和尚睡着了，故事结束。')
08  story(1)                        # 调用函数
```

运行上面的代码，在IDLE Shell窗口中，将不断地输出"从前有

座山，山里有座庙，庙里有个老和尚在给小和尚讲故事，故事是："当输出20遍后，再输出"小和尚睡着了，故事结束了。"，程序结束。如图5.6所示。

```
从前有座山，山里有座庙，庙里有个老和尚在给小和尚讲故事，故事是：
从前有座山，山里有座庙，庙里有个老和尚在给小和尚讲故事，故事是：
从前有座山，山里有座庙，庙里有个老和尚在给小和尚讲故事，故事是：
从前有座山，山里有座庙，庙里有个老和尚在给小和尚讲故事，故事是：
从前有座山，山里有座庙，庙里有个老和尚在给小和尚讲故事，故事是：
从前有座山，山里有座庙，庙里有个老和尚在给小和尚讲故事，故事是：
从前有座山，山里有座庙，庙里有个老和尚在给小和尚讲故事，故事是：
从前有座山，山里有座庙，庙里有个老和尚在给小和尚讲故事，故事是：
从前有座山，山里有座庙，庙里有个老和尚在给小和尚讲故事，故事是：
从前有座山，山里有座庙，庙里有个老和尚在给小和尚讲故事，故事是：
从前有座山，山里有座庙，庙里有个老和尚在给小和尚讲故事，故事是：
从前有座山，山里有座庙，庙里有个老和尚在给小和尚讲故事，故事是：
从前有座山，山里有座庙，庙里有个老和尚在给小和尚讲故事，故事是：
从前有座山，山里有座庙，庙里有个老和尚在给小和尚讲故事，故事是：
从前有座山，山里有座庙，庙里有个老和尚在给小和尚讲故事，故事是：
从前有座山，山里有座庙，庙里有个老和尚在给小和尚讲故事，故事是：
从前有座山，山里有座庙，庙里有个老和尚在给小和尚讲故事，故事是：
从前有座山，山里有座庙，庙里有个老和尚在给小和尚讲故事，故事是：
从前有座山，山里有座庙，庙里有个老和尚在给小和尚讲故事，故事是：
从前有座山，山里有座庙，庙里有个老和尚在给小和尚讲故事，故事是：
小和尚睡着了，故事结束了。
```

图5.6　调用递归函数的结果

生成可反复执行循环的可迭代对象

在Python中，内置的**itertools**模块提供了**cycle()**方法，可以将传递的可迭代对象（例如列表）中的元素反复执行循环。当列表中的全部元素都被获取过以后，将继续从头开始依次获取。通过**cycle()**方法生成的对象，我们可以通过**for**循环遍历获取其中的元素，也可以通过内置函数**next()**来获取。

使用**cycle()**方法时，需要先导入**itertools**模块，代码如下：

```
import itertools    # 导入迭代工具模块
```

然后，使用cycle()方法生成可迭代对象，其语法格式如下：

```
itertools.cycle(iterable)
```

iterable：用于生成可反复执行循环的可迭代对象，例如列表。

举例： 定义一个包含3个元素的列表，然后使用 **cycle()** 转为可迭代对象，再使用 **for** 循环遍历该对象，代码如下：

```
01  import itertools             # 导入迭代工具模块
02
03  color = ['red', 'orange', 'yellow']
04  colors = itertools.cycle(color)
05  # 循环遍历colors对象
06  for i in colors:
07      print(i)                 # 输出一个元素
```

运行程序，在 Python Shell 中，将不断地输出 red、orange、yellow，如图5.7所示。

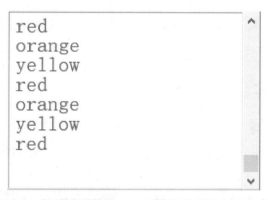

图5.7 输出遍历结果

获取迭代器中下一个元素

功能： 每次调用的时候，都将返回迭代器中的下一个元素。

语法：

```
next(iterator,default)
```

iterator：可迭代对象；

default：可选参数，用于设置在没有下一个元素时返回的值，如果不设置，又没有下一个元素，则会出现停止迭代（StopIteration）异常。

返回值：返回迭代器中下一个元素。

举例： 获取"探索实践"中可迭代对象colors中的前6个元素，可以使用下面的代码。

```
01  for i in range(6):
02      print(next(colors))
```

任务一： 绘制彩虹棒棒糖

本任务要求编写一段Python代码，实现绘制彩虹棒棒糖，如图5.8所示。

任务二： 绘制彩虹伞

本任务要求编写一段Python代码，实现绘制彩虹伞，要求：在绘制过程中，单击鼠标左键时，停止绘制，如图5.9所示。

图5.8　彩虹棒棒糖

图5.9　彩虹伞

turtle模块

绘制圆形：turtle.circle()

顺时针旋转（右转）：turtle.right()

清除绘图：turtle.clear()

Python

递归函数

生成可反复执行循环的可迭代对象

import itertools
itertools.cycle()

获取迭代器中下一个元素：next()

if…else语句

列表

第6课

夜空繁星

 本课学习目标

◆ 掌握如何画奇数个角的星星
◆ 巩固自定义函数的应用
◆ 巩固如何生成指定范围的随机整数

扫描二维码
获取本课资源

实现夜空繁星效果，主要技术点为编写随机绘制星星的函数和处理鼠标点击海龟事件（调用绘制星星的函数），下面分别介绍。

编写随机绘制星星的函数：由于这个函数将作为鼠标点击事件的回调函数，所以需要传递两个参数 x 和 y，表示鼠标点击的位置。具体过程如图6.1所示。

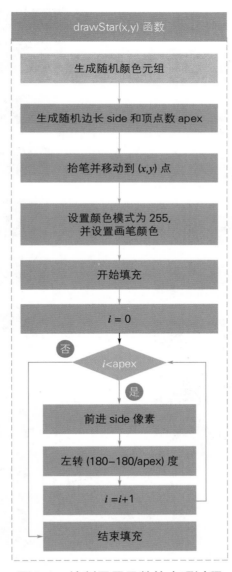

图6.1 绘制星星函数的实现过程

处理鼠标点击海龟事件（调用绘制星星的函数）：在海龟绘图中，处理屏幕的鼠标点击事件通过onscreenclick()方法实现，该方法的第一个参数为绘制星星的函数，第2个参数为1，表示点击鼠标左键。

根据任务探秘，可以得出如图6.2所示的流程图。

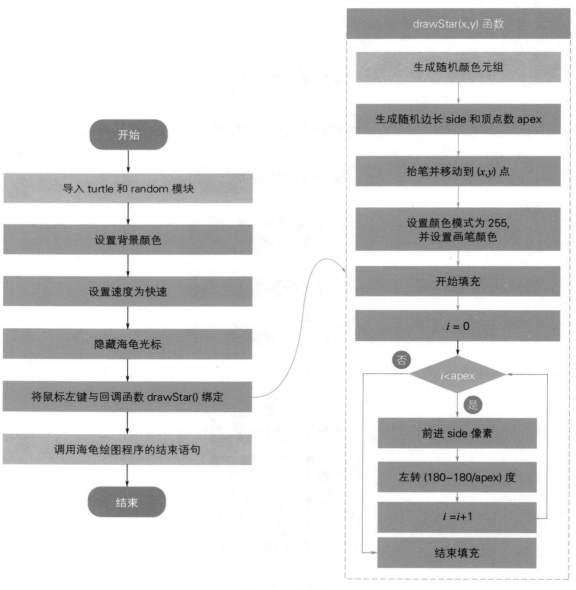

图6.2　流程图

编程实现

创建一个Python文件，在该文件中，按以下步骤编写代码：

第1步 导入turtle和random模块，并设置背景颜色为蓝色。

第2步 设置绘图速度为最快，并隐藏海龟光标。

第3步 定义一个绘制星星的函数drawStar()，并实现在单击鼠标左键时，调用该函数。

第4步 调用海龟绘图程序的结束语句。

代码如下：

```
01  import turtle                              # 导入海龟绘图模块
02  import random                              # 导入随机数模块
03  turtle.bgcolor('blue')                     # 设置背景颜色
04  turtle.speed(0)                            # 设置速度为快速
05  turtle.ht()                                # 隐藏海龟光标
06  def drawStar(x, y):
07      # 生成随机颜色元组
08      color = (random.randint(0,255),random.randint(0,255),random.
          randint(0,255))
09      side = random.randint(10,60)           # 随机边长
10      apex = random.randrange(5,12,2)        # 随机顶点数
11      turtle.penup()                         # 抬笔
12      turtle.goto(x, y)                      # 移动到(x, y)点
13      turtle.pendown()                       # 落笔
14      turtle.colormode(255)                  # 设置颜色模式
15      turtle.color(color)                    # 设置画笔颜色
16      # 绘制实心的星星
17      turtle.begin_fill()                    # 开始填充
18      for i in range(apex):
19          turtle.forward(side)               # 边长
20          turtle.left(180-180/apex)          # 旋转角度
21      turtle.end_fill()                      # 结束填充
22  turtle.onscreenclick(drawStar,1)           # 处理单击鼠标左键事件
23  turtle.done()                              # 海龟绘图程序的结束语句
```

测试程序

运行程序，将打开一个蓝色背景的窗口，在蓝色的背景上，单击（点击鼠标左键）一次，就会在单击的位置绘制一颗星星，星星的大小、颜色和角数都是随机的。效果如图6.3所示。

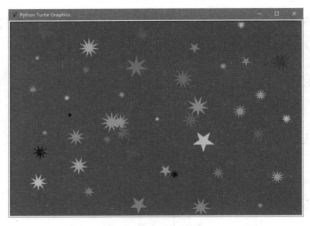

图6.3　夜空繁星

优化程序

由于星星的颜色是随机生成的，所以上面有的星星颜色很深，不好看。这时，我们可以指定生成浅色系的星星。修改后的代码如下：

```
01  import turtle                              # 导入海龟绘图模块
02  import random                              # 导入随机数模块
03  turtle.bgcolor('blue')                     # 设置背景颜色
04  turtle.speed(0)                            # 设置速度为快速
05  turtle.ht()                                # 隐藏海龟光标
06  def drawStar(x, y):
07      # 生成随机颜色元组
08      color = (random.randint(127,255),random.randint(127,255),
      random.randint(127,255))
09      side = random.randint(10,60)           # 随机边长
10      apex = random.randrange(5,12,2)        # 随机顶点数
11      turtle.penup()                         # 抬笔
12      turtle.goto(x, y)                      # 移动到(x, y)点
13      turtle.pendown()                       # 落笔
14      turtle.colormode(255)                  # 设置颜色模式
```

```
15    turtle.color(color)                      # 设置画笔颜色
16    # 绘制实心的星星
17    turtle.begin_fill()                      # 开始填充
18    for i in range(apex):
19        turtle.forward(side)                 # 边长
20        turtle.left(180-180/apex)            # 旋转角度
21    turtle.end_fill()                        # 结束填充
22  turtle.onscreenclick(drawStar,1)           # 处理单击鼠标左键事件
23  turtle.done()                              # 海龟绘图程序的结束语句
```

运行程序，在蓝色背景的窗口中，不断地单击鼠标左键绘制星星，可以看到此时绘制的星星都是浅色系的，如图6.4所示。

图6.4　优化后的效果

英语角

apex

顶、顶点、最高点

side

一边、侧面、一侧、斜面、边缘

tuple

元组、数组

draw

画、描画、拖(动)、牵引、吸引

step

步、步伐、迈步、一步(的距离)、台阶、音级

element

要素、基本部分、少量、元素、电热元件

69

生成指定范围的随机整数

random模块的randrange()方法用于生成指定范围的随机整数。它有如表6.1所示的3种语法格式。

表6.1　randrange()方法的语法格式说明

语法	功能	举例

random.randrange(stop)	生成0至stop之间的一个随机整数，不包含stop	# 生成一个0～10之间的随机数（不包括10）
		random.randrange(10)

random. randrange (start,stop)	生成start至stop之间的一个随机整数，不包含stop	# 生成一个10～20之间的随机数（不包括20）
		random.randrange(10,20)

random. randrange (start,stop,step)	生成start至stop之间间隔为step的一个随机整数，不包含stop	#生成一个3～10之间的奇数
		random.randrange(3,10,2)

元组的使用

在Python中，提供了一种类似列表的序列结构。它将所有元素都放在一对"()"中，并且两个相邻元素间使用","分隔。它是不可变的，即创建元组后，不可以单独对它的某个元素进行修改，或者增加一个或多个元素，除非对元组进行重新赋值。

语法：

```
tuplename = (element1,element2,element3,…,elementn)
```

tuplename：元组的名称，可以是任何符合Python命名规则的标识符。

element1、element2、element3、……、elementn：元组中的元素，个数没有限制，并且只要是Python支持的数据类型就可以。

举例： 下面定义的都是合法的元组：

```
01  num = (7,14,21,28,35,42,49,56,63)
02  shape = ("三角形","矩形","平行四边形","梯形")
```

如果要创建的元组只包括一个元素，则需要在定义元组时，在元素的后面加一个逗号","。例如，下面的代码定义的就是包括一个元素的元组：

```
("一片冰心在玉壶",)
```

多学两招

在创建元组时，每个元素也可以使用变量来代替，例如下面的代码。

```
01  a = 2
02  b = 3
03  c = 5
04  n = (a,b,c)
05  print(n)                    # 输出结果为(2, 3, 5)
```

绘制奇数个角的星星

绘制奇数个角的星星可以按照如图6.5所示的线路一笔绘制完成。

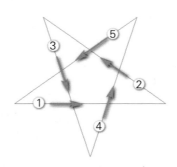

图6.5　一笔绘制五角星

从图6.5可以看出，绘制这样的五角星可以通过循环5次前进加旋转的动作完成。通过这种方式也可以实现绘制其他的正奇数多角星。关键要素如下：

① 循环次数＝角的个数。

② 旋转角度＝180–顶角的度数。顶角的度数计算公式为：顶角＝

180/角数。即旋转角度=180–180/角数。

③ 移动的距离=边长。

> 这种方法只适用绘制奇数个角的星星。如果是偶数个角就不能绘制完整。例如，绘制六角星，将得到如图6.6所示的图形，并不是一个正六角星。

图6.6　绘制六角星的情况

举例：

```python
01  import turtle                    # 导入海龟绘图模块
02  turtle.color('red')             # 设置画笔颜色
03  turtle.ht()                     # 隐藏海龟光标
04  side = 100                      # 边长
05  apex = 7                        # 角数
06  turtle.begin_fill()             # 开始填充
07  # 绘制实心的星星
08  for i in range(apex):
09      turtle.forward(side)        # 边长
10      turtle.left(180-180/apex)   # 旋转角度
11  turtle.end_fill()               # 结束填充
12  turtle.done()                   # 海龟绘图程序的结束语句
```

运行上面的代码，将绘制一个红色实心七角星，如图6.7所示。

图6.7　绘制红色实心七角星

任务一：改进夜空繁星程序

改进本课实现的夜空繁星程序，为其增加单击鼠标右键时，消除绘制的全部星星。

任务二：自动洒满彩色星光的夜空

本任务要求编写一段Python代码，实现自动在黑色的夜空上随机绘制不同大小和颜色的星星，效果如图6.8所示。

图6.8　自动洒满彩色星光的夜空

turtle模块
- 前进：turtle.forward()
- 逆时针旋转（左转）：turtle.left()
- 开始填充：turtle.begin_fill()
- 结束填充：turtle.end_fill()

Python
- 生成指定范围的随机整数：random.randrange()
- 元组
- 表达式

第7课

科赫雪花

下雪了，我们一起玩雪吧！

小雪花，真是太美了！

咦？怎么不见了？

我们得借助黑布和放大镜来观察雪花。

雪花长什么样子呢？

在数学中，有一种科赫曲线，可以用来绘制科赫雪花。我们让小海龟来绘制一片科赫雪花吧！

好主意，我要绘制一片不会融化的雪花！

本课学习目标

◆ 了解科赫曲线
◆ 学会绘制科赫曲线
◆ 学会绘制科赫雪花

扫描二维码
获取本课资源

透过放大镜可以看见雪花错综复杂的构造大多都是六角形的，而雪花的中心则呈现出对称的六角形。例如，图7.1所示的雪花。

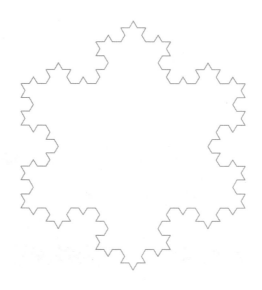

图7.1 要绘制的雪花

仔细观察图7.1可以发现，它是由3段如图7.2所示的线条组成的，如图7.2所示。

图7.2 一段线条

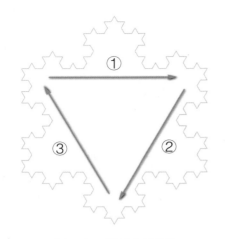

图7.3 雪花拆解图

从图7.3中可以看出，想要绘制一片雪花，先绘制一段如图7.2所示的线条，然后右转120度，再绘制一段并右转120度，最后再绘制一段并右转120度即可。

图7.2实际上就是一段3阶的科赫曲线。想要绘制科赫曲线，可以通过定义递归调用函数实现。关键步骤如图7.4所示。

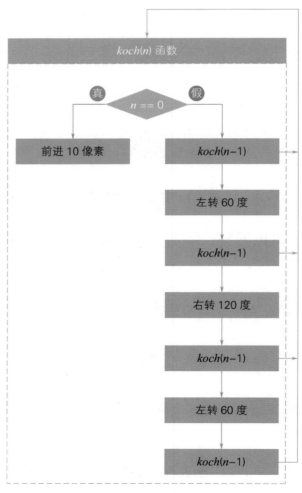

图7.4 绘制科赫曲线

规划流程

根据任务探秘，可以得出如图7.5所示的流程图。

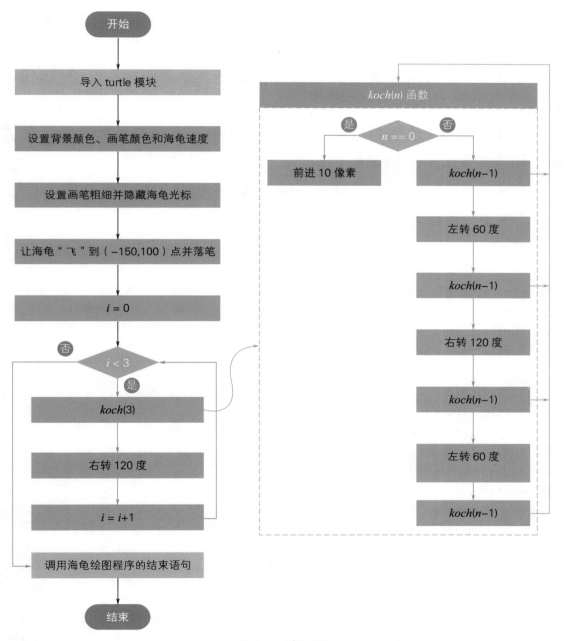

图7.5 流程图

编程实现

创建一个Python文件，在该文件中，按以下步骤编写代码：

第1步 导入turtle模块，并设置窗口背景颜色、画笔颜色、绘制速度和画笔粗细。

第2步 隐藏海龟光标，并让小海龟"飞"到指定点，然后设置落笔。

第3步 定义绘制科赫曲线的函数koch()，在该函数中，将通过递归调用来绘制n阶科赫曲线。

第4步 通过for循环调用koch()函数和旋转绘制科赫雪花。

第5步 调用海龟绘图程序的结束语句。

代码如下：

```
01  import turtle                    # 导入海龟绘图模块
02  turtle.bgcolor('black')         # 设置背景颜色
03  turtle.color('white')           # 设置画笔颜色
04  turtle.speed(0)                 # 设置绘制速度
05  turtle.pensize(2)               # 设置画笔粗细
06  turtle.ht()                     # 隐藏海龟光标
07  turtle.penup()                  # 抬笔
08  turtle.goto(-150,100)           # 向左上方移动
09  turtle.pendown()                # 落笔
10  # 定义绘制科赫曲线函数
11  def koch(n):
12      if n == 0:
13          turtle.forward(10)      # 前进10像素
14      else:
15          koch(n-1)               # 绘制第1段
16          turtle.left(60)         # 左转
17          koch(n-1)               # 绘制第2段
18          turtle.right(120)       # 右转
19          koch(n-1)               # 绘制第3段
```

```
20          turtle.left(60)            # 左转
21          koch(n-1)                  # 绘制第4段
22  # 绘制科赫雪花
23  for i in range(3):
24      koch(3)                        # 绘制科赫曲线
25      turtle.right(120)              # 右转
26  turtle.done()                      # 海龟绘图程序的结束语句
```

🤖 **说明**

在上面代码中，修改第24行的参数可以绘制指定阶的科赫曲线组成的雪花。有兴趣的同学可以试着修改为其他数字看看效果。

测试程序

运行程序，可以看到打开的窗口中，将一步一步地绘制一片雪花，效果如图7.6所示。

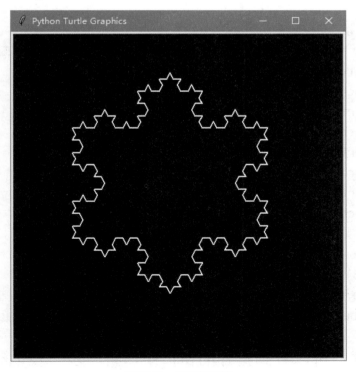

图7.6　科赫雪花

优化程序

为了更好地区分每条线段的拆分情况，可以将其设置为不同颜色（随机）。修改后的代码如下：

```
01  import turtle                    # 导入海龟绘图模块
02  import random                    # 导入随机数模块
03  turtle.bgcolor('black')          # 设置背景颜色
04  turtle.color('white')            # 设置画笔颜色
05  turtle.speed(0)                  # 设置绘制速度
06  turtle.pensize(2)                # 设置画笔粗细
07  turtle.ht()                      # 隐藏海龟光标
08  turtle.penup()                   # 抬笔
09  turtle.goto(-150,100)            # 向左上方移动
10  turtle.pendown()                 # 落笔
11  turtle.colormode(255)            # 设置颜色模式
12  # 定义绘制科赫曲线函数
13  def koch(n):
14      if n == 0:
15          turtle.forward(10)       # 前进10像素
16      else:
17          # 设置每条线段的随机颜色
18          turtle.color((random.randint(0,255),random.randint(0,255),
    random.randint(0,255)))
19          koch(n-1)                # 绘制第1段
20          turtle.left(60)          # 左转
21          koch(n-1)                # 绘制第2段
22          turtle.right(120)        # 右转
23          koch(n-1)                # 绘制第3段
24          turtle.left(60)          # 左转
25          koch(n-1)                # 绘制第4段
26  # 绘制科赫雪花
27  for i in range(3):
28      koch(3)                      # 绘制科赫曲线
29      turtle.right(120)            # 右转
30  turtle.done()                    # 海龟绘图程序的结束语句运行程序，
```

运行程序，可以看到打开的窗口中，将一步一步地绘制一片彩色雪花，效果如图7.7所示。

图7.7　彩色科赫雪花

说明

由于每条线段的颜色是随机产生的，所以每次运行程序看到的结果都是不同的。

学习秘籍

英语角

Koch

（人名）科赫、科克、郭霍、柯霍

fractal

分形

curve

曲线、弧线、曲面、弯曲、呈曲线形

科赫曲线

科赫曲线（Koch curve）是一种分形（fractal）图形。它是由无数个相同的小正三角形组合而成的，可以通过递归原理绘制。其绘制过程是有规律可循的。具体操作如下：

第1步 给定一条线段，把它等分成三段，如图7.8所示。

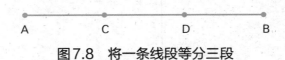

图7.8 将一条线段等分三段

第2步 取三等分后的中间段为边向外作正三角形，并把这"中间段"擦掉，如图7.9所示。

图7.9 取中间段向外作正三角形

第3步 对每段新线段重复上面的两个步骤，即可完成科赫曲线的绘制。

分形：分形可以理解为一个零碎的形状，可以分成多个部分，且每一部分都（至少近似地）是整体缩小后的形状。

举例：绘制一条2阶的科赫曲线，代码如下：

```
01  import turtle                    # 导入海龟绘图模块
02  turtle.color('skyblue')         # 设置画笔颜色
03  turtle.speed(0)                 # 设置绘制速度
04  # 定义绘制科赫曲线函数
05  def koch(n):
06      if n == 0:
```

```
07          turtle.forward(20)        # 前进20像素
08      else:
09          koch(n-1)                 # 绘制第1段
10          turtle.left(60)           # 左转
11          koch(n-1)                 # 绘制第2段
12          turtle.right(120)         # 右转
13          koch(n-1)                 # 绘制第3段
14          turtle.left(60)           # 左转
15          koch(n-1)                 # 绘制第4段
16  koch(2)                           # 绘制科赫曲线
17  turtle.done()                     # 海龟绘图程序的结束语句
```

运行程序，可以看到打开的窗口中，将一步一步地绘制如图7.10所示的2阶科赫曲线。

图7.10　2阶科赫曲线

为了让同学们对各阶科赫曲线有更直观的印象，表7.1给出了0～4阶科赫曲线对应的形状图片。

表7.1　0～4阶科赫曲线

几阶	函数调用	形状
0阶	koch(0)	——————
1阶	koch(1)	⌃
2阶	koch(2)	
3阶	koch(3)	
4阶	koch(4)	

绘制科赫雪花

科赫雪花又称雪花曲线。那么雪花是什么形状呢？科学家通过研究发现：将正三角形的每边三等分，再以其中间的那一条线段为底边，向外作等边三角形，这样得到一个六角形，然后再将六角形的每边三等分，重复上述的做法，如图7.11所示，就得到了雪花曲线。

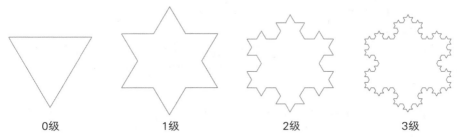

图7.11 雪花曲线

从图7.11可以看出，绘制科赫雪花时，只需要绘制3条科赫曲线，并且在绘制每条科赫曲线后，旋转120度即可。

举例： 绘制一个2阶的科赫雪花，代码如下：

```python
01  import turtle                    # 导入海龟绘图模块
02  turtle.color('skyblue')         # 设置画笔颜色
03  turtle.speed(0)                 # 设置绘制速度
04  # 定义绘制科赫曲线函数
05  def koch(n):
06      if n == 0:
07          turtle.forward(20)      # 前进20像素
08      else:
09          koch(n-1)               # 绘制第1段
10          turtle.left(60)         # 左转
11          koch(n-1)               # 绘制第2段
12          turtle.right(120)       # 右转
13          koch(n-1)               # 绘制第3段
14          turtle.left(60)         # 左转
15          koch(n-1)               # 绘制第4段
16  # 绘制科赫雪花
17  for i in range(3):
18      koch(2)                     # 绘制科赫曲线
19      turtle.right(120)           # 右转
20  turtle.done()                   # 海龟绘图程序的结束语句
```

运行程序，可以看到打开的窗口中，将缓慢地绘制如图7.12所示的2阶科赫雪花。

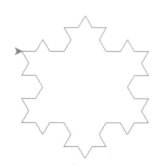

图7.12　绘制2阶科赫雪花

任务一：绘制三瓣雪花

本任务要求编写一段Python代码，绘制由多条科赫曲线组成的三瓣雪花，如图7.13所示。

任务二：科赫雪花变形记

本任务要求编写一段Python代码，绘制由多条科赫曲线组成复杂的科赫雪花，如图7.14所示。

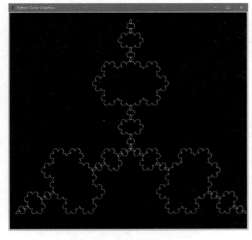

图7.13　三瓣雪花

图7.14　科赫雪花变形记

turtle模块
- 前进：turtle.forward()
- 逆时针旋转（左转）：turtle.left()
- 顺时针旋转（右转）：turtle.right()

Python
- 递归调用函数
- 生成随机整数：random.randint()
- for循环语句
- if…else语句

数学 —— 科赫曲线

龟兔赛跑

 本课学习目标

◆ 掌握如何控制多只海龟
◆ 掌握如何让小海龟后退
◆ 巩固将画笔形状设置为GIF图片

扫描二维码
获取本课资源

实现龟兔赛跑，主要技术点是放置多只海龟、让乌龟和兔子奔跑，以及计算兔子睡觉的时间。下面分别介绍。

放置多只海龟：可以使用 **turtle.Turtle()** 方法创建两只海龟，一只设置形状为乌龟的 GIF 图片，另一只设置形状为兔子的 GIF 图片，如图 8.1 所示。两张图片的尺寸均为 120×120 像素。

乌龟　　　　　　　　兔子

图 8.1　乌龟和兔子

让乌龟和兔子奔跑：这里可以通过分别为乌龟和兔子设置不同的计时器来实现。需要注意的是，乌龟会一直不停地跑，直到到达终点，其实现流程如图 8.2 所示。而兔子中途会睡觉，其实现流程如图 8.3 所示。

图 8.2　让乌龟奔跑的实现流程

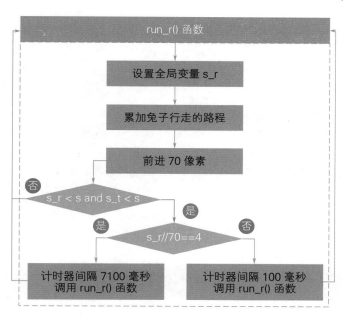

图8.3 让兔子奔跑的实现流程

计算兔子睡觉的时间：这里假设乌龟每100毫秒跑10像素，兔子每100毫秒跑70像素，全程780像素。根据以上条件，则可以计算出：

乌龟跑完全程的时间＝780÷10×100＝7800毫秒。

兔子跑完全程的时间＝780÷70×100≈1100毫秒。

根据以上结果可知：乌龟和兔子跑完全程的时间差为7800–1100＝6700毫秒，即如果兔子睡觉时间为6700毫秒，则乌龟和兔子同时到达终点。所以如果想让乌龟赢，就让兔子睡觉时间大于6700毫秒，反之就让兔子睡觉时间小于6700毫秒。

> **说明**
>
> 这里假设兔子和乌龟速度时，都是以100毫秒为单位，是因为设置计时器的间隔时间为100毫秒。

 规划流程

根据任务探秘，可以得出如图8.4所示的流程图。

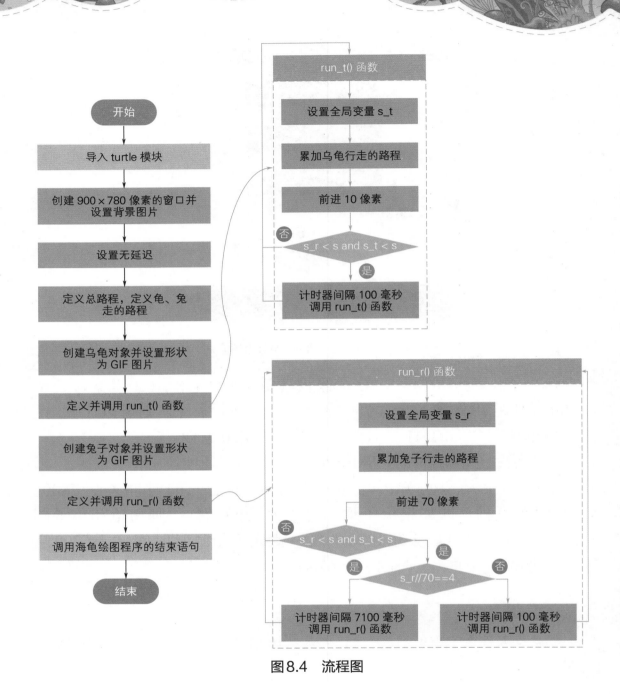

图8.4　流程图

编程实现

创建一个Python文件，在该文件中，按以下步骤编写代码：

第1步 导入turtle模块，并创建900×780像素的窗口，然后设置窗口背景图片。

第2步 设置无延迟，这一点很关键，否则会影响比赛结果，然后定义总路程、兔子行走的路程和乌龟行走的路程变量。

第3步 定义一个代表乌龟的海龟对象，并将其设置为乌龟形状，然后将其移动到起始位置。

第4步 定义并调用乌龟跑步的方法。

第5步 按照第3步和第4步再定义代表兔子的海龟对象，以及兔子跑步的方法。

第6步 调用海龟绘图程序的结束语句。

代码如下：

```
01  import turtle                                        # 导入海龟绘图模块
02  turtle.setup(900,780)                                # 创建指定大小的窗口
03  turtle.bgpic('pic/bg.png')                           # 设置背景图片
04  turtle.delay(0)                                      # 设置无延迟
05  s = 780                                              # 总路程
06  s_r = 0                                              # 兔子行走的路程
07  s_t = 0                                              # 乌龟行走的路程
08  tortoise  = turtle.Turtle()                          # 乌龟
09  turtle.addshape('pic/tortoise.gif',shape=None)       # 定义乌龟形状
10  tortoise.penup()                                     # 抬笔
11  tortoise.goto(-400,-150)                             # 移动到起始位置
12  tortoise.shape('pic/tortoise.gif')
13  def run_t():
14      global s_t                                       # 设置全局变量
15      s_t += 10                                        # 累加乌龟行走的路程
16      tortoise.forward(10)
17      if s_r < s and s_t < s:                          # 如果兔子和乌龟都没有到达终点
18          turtle.getscreen().ontimer(run_t,100)        # 跑步
19  run_t()                                              # 让乌龟出发
20  rabbit = turtle.Turtle()                             # 兔子
21  turtle.addshape('pic/rabbit.gif',shape=None)         # 定义兔子形状
22  rabbit.penup()                                       # 抬笔
23  rabbit.goto(-400,150)                                # 移动到起始位置
24  rabbit.shape('pic/rabbit.gif')
```

```
25  def run_r():
26      global s_r                              # 设置全局变量
27      s_r += 70                               # 累加兔子行走的路程
28      rabbit.forward(70)
29      if s_r < s and s_t < s:                 # 如果兔子和乌龟都没有到达终点
30          if s_r//70 == 4:                    # 到达指定点后兔子睡觉
    # 睡觉6700毫秒时一起到达。由于要让乌龟赢，所以设置7100毫秒，也可以设置为其他数
31              turtle.getscreen().ontimer(run_r,7100)
32          else:
33              turtle.getscreen().ontimer(run_r,100)    # 跑步
34  run_r()                                     # 让兔子出发
35  turtle.done()                               # 海龟绘图程序的结束语句
```

测试程序

运行程序，可以看到打开的窗口中，一只乌龟和一只兔子正在跑步比赛，其中，乌龟缓慢地一直爬行，直到冲过终点线，而兔子开始跑得快，中途停下来休息，最后再追赶。效果如图8.5所示。

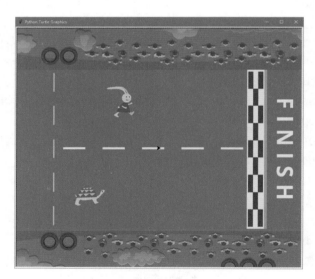

图8.5 龟兔赛跑

优化程序

仔细的同学可能已经发现，在上面的程序中，没有显示比赛结果。这里我们需要使用write()方法输出提示文字，来显示谁获胜了。

修改后的代码如下：

```python
01  import turtle                                    # 导入海龟绘图模块
02  turtle.setup(900,780)                            # 创建指定大小的窗口
03  turtle.bgpic('pic/bg.png')
04  turtle.delay(0)                                  # 设置无延迟
05  turtle.ht()                                      # 隐藏默认海龟光标
06  tortoise = turtle.Turtle()                       # 乌龟
07  turtle.addshape('pic/tortoise.gif',shape=None)   # 定义乌龟形状
08  tortoise.penup()                                 # 抬笔
09  tortoise.goto(-400,-150)                         # 移动到起始位置
10  tortoise.shape('pic/tortoise.gif')
11  s = 780                                           # 总路程
12  s_r = 0                                           # 兔子行走的路程
13  s_t = 0                                           # 乌龟行走的路程
14  def run_t():
15      global s_t                                   # 设置全局变量
16      s_t += 10                                    # 累加乌龟行走的路程
17      tortoise.forward(10)
18      if s_r < s and s_t < s:                      # 如果兔子和乌龟都没有到达终点
19          turtle.getscreen().ontimer(run_t,100)    # 跑步
20      elif s_t>=s:
21          turtle.penup()
22          turtle.backward(190)                     # 后退190像素
23          turtle.color('red')
24          turtle.write('乌龟胜利！',font=('黑体',50,'bold'))
25  run_t()  # 让乌龟出发
26  rabbit = turtle.Turtle()                         # 兔子
27  turtle.addshape('pic/rabbit.gif',shape=None)     # 定义兔子形状
28  rabbit.penup()                                   # 抬笔
29  rabbit.goto(-400,150)                            # 移动到起始位置
30  rabbit.shape('pic/rabbit.gif')
31  def run_r():
32      global s_r                                   # 设置全局变量
33      s_r += 70                                    # 累加兔子行走的路程
34      rabbit.forward(70)
35      if s_r < s and s_t < s:                      # 如果兔子和乌龟都没有到达终点
36          if s_r//70 == 4:                         # 到达指定点后兔子睡觉
37              turtle.getscreen().ontimer(run_r,7100)   # 睡觉
38          else:
```

```
39          turtle.getscreen().ontimer(run_r,100)          # 跑步
40      elif s_r >= s:
41          turtle.penup()
42          turtle.backward(190)                  # 后退190像素
43          turtle.color('red')
44          turtle.write('兔子胜利！',font=('黑体',50,'bold'))
45  run_r()                                       # 让兔子出发
46  turtle.done()                                 # 海龟绘图程序的结束语句
```

运行程序，一只乌龟和一只兔子正在跑步比赛，当乌龟获胜后，显示提示文字"乌龟胜利！"，如图8.6所示。

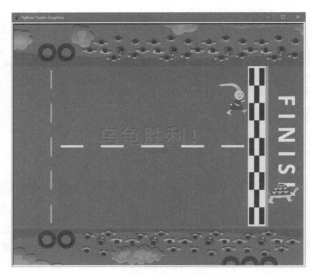

图8.6 显示胜利提示信息

英语角

tortoise

乌龟、龟、陆龟

rabbit

兔子、兔、兔肉、野兔、猎兔、捕兔

backward

向后的、落后的、倒退的、向后、回向原处

back

背部、向后、在背面、回原处、后退，倒退

多只海龟

在海龟绘图中，支持使用多只海龟。同学们想一想这样做有什么好处呢？

我们知道一只海龟相当于一位画家，它可以挥动手中的画笔进行作画，也可清除所绘制的图案。但是在清除时，会清除该画家所绘制的全部图案。如果有多只海龟，就相当于多位画家，这样，它们之间就互不影响了。

功能：创建多只海龟。

语法：

```
turtlename = turtle.Turtle()
```

turtlename：为海龟起的名字，通过这个名字可以指挥它进行绘画等操作。

举例：创建两只海龟，分别命名为tortoise（龟）和rabbit（兔），然后让龟画圆，兔画线，再清除圆，代码如下：

```
01  import turtle              # 导入海龟绘图模块
02  tortoise = turtle.Turtle() # 龟
03  rabbit = turtle.Turtle()   # 兔
04  tortoise.circle(30)        # 画圆
05  rabbit.forward(200)        # 前进200米
06  tortoise.clear()           # 清除龟绘制的圆
07  turtle.done()              # 海龟绘图程序的结束语句
```

运行程序，可以看到在打开的窗口中，先绘制一个圆形，然后再绘制一条直线，如图8.7所示，再清除圆形，如图8.8所示。

图8.7　绘制圆形和直线后

图8.8　最终效果

让小海龟后退

实现后退操作，可以先让小海龟旋转180度，然后再前进。

实际上，海龟绘图还提供了 backward() 方法，可以实现在不改变小海龟头的朝向时，向相反方向移动，即后退。

功能：让小海龟后退指定距离。

语法：

```
turtle.backward(distance)
```

distance：后退的距离，单位为像素。

举例：让小海龟后退200像素，代码如下：

```
01  import turtle          # 导入海龟绘图模块
02  turtle.backward(200)   # 后退200像素
03  turtle.done()          # 海龟绘图程序的结束语句
```

运行程序，小海龟将在不改变朝向的情况下，向后退200像素。

 说明

在实现后退操作时，还可以使用 back() 或者 bk() 方法，这两种方法是 backward() 方法的简写，所以 backward()、back() 和 bk() 3个方法的功能是一样的，使用哪种方法都可以。

任务一：更换兔子睡觉形象

修改本课编写的"龟兔赛跑"程序，实现兔子睡觉时更换睡觉形象，如图8.9所示。

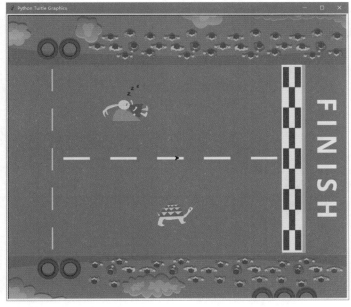

图8.9 兔子睡觉

任务二：结果随机的"龟兔赛跑"程序

修改本课编写的"龟兔赛跑"程序，实现跑步速度和睡觉时间都是随机的程序，即不一定每次都是乌龟赢，如图8.10所示。

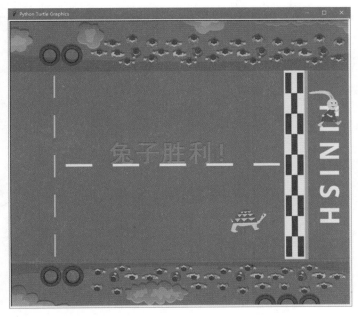

图8.10 兔子胜利的情况

创建多只海龟 ⎰ turtlename = turtle.Turtle()

让小海龟后退：turtle.backward()

turtle模块 计时器：turtle.getscreen().ontimer()

前进：turtle.forward()

将GIF文件作为画笔的形状：turtle.addshape()

函数

Python 表达式

if…else语句

第9课

金色太阳花

本课学习目标

◆ 掌握如何绘制金光四射的太阳花轮廓
◆ 掌握如何绘制菱形
◆ 掌握如何为绘制的太阳花涂色

扫描二维码
获取本课资源

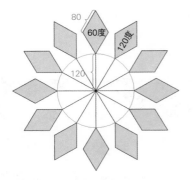

图9.1 将要绘制的太阳花

本课将要绘制一朵如图9.1所示的太阳花。

从图9.1中可以看出，想要绘制这个太阳花，主要涉及以下重要信息。

● 半径为120像素的红色圆形。

● 四周有12个均匀发布的菱形，菱形边长为80，一个内角为60度。

● 每个菱形的顶点到圆形的圆心通过一根半径长度的线连接。

根据上面的信息，可以规划出大概的绘制流程，主要可以分为以下两部分。

● 绘制菱形

① 小海龟从圆心出发，前进120像素，到达菱形的起始位置。

② 先向右转30度，并前进80，然后左转60度，并前进80像素，再左转120度，并前进80像素，最后左转60度，并前进80像素返回菱形的起点。如图9.2所示。

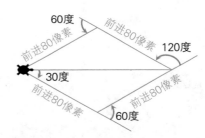

图9.2 绘制菱形示意图

③ 调用 **home()** 方法返回坐标原点。

经过以上3个步骤即可完成一个菱形的绘制。接下来再绘制第二个菱形，此时需要让小海龟先左转（360/12）度，调整到另一个菱形的方向。然后再重复上面的步骤①~③，直到重复12次完成全部菱形的绘制。

说明

在设置小海龟在原点处的旋转角度时，可以使用表达式"30度×i"实现，这里的i为第几个菱形，从0开始计数。

● 绘制圆形

在完成菱形的绘制后，小海龟将返回到坐标圆点。由于小海龟在画圆时，是从最底部中心的位置开始绘制，所以这里需要让小海龟"飞"到这个起点（可以使用海龟对象的sety()方法实现），然后绘制一个半径为120的圆。

根据任务探秘，可以得出如图9.3所示的流程图。

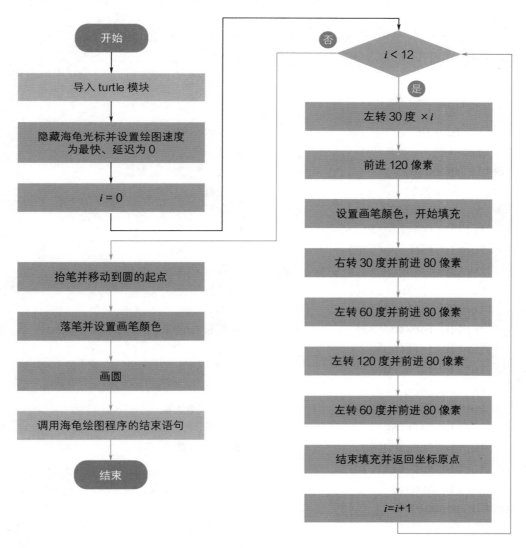

图9.3　流程图

编程实现

创建一个Python文件，在该文件中，按以下步骤编写代码：

第1步　导入turtle模块，并隐藏海龟光标。

第2步　设置绘图速度为最快，并且延迟为0。

第3步　循环12次，绘制12个填充的菱形及与原点的连线。

第4步　将小海龟移动到圆的起点。

第5步　设置画笔颜色并绘制圆形。

第6步　调用海龟绘图程序的结束语句。

代码如下：

```
01  import turtle                        # 导入海龟绘图模块
02  turtle.ht()                          # 隐藏海龟光标
03  turtle.speed(0)                      # 设置绘图速度为最快
04  turtle.delay(0)                      # 设置延迟为0
05  for i in range(12):                  # 循环12次
06      turtle.left(30*i)                # 左转
07      turtle.forward(120)              # 前进120像素
08      turtle.color('black','yellow')   # 设置轮廓线为黑色，填充黄色
09      turtle.begin_fill()              # 开始填充
10      turtle.right(30)                 # 右转
11      turtle.forward(80)               # 前进80像素
12      turtle.left(60)                  # 左转
13      turtle.forward(80)               # 前进80像素
14      turtle.left(120)                 # 左转
15      turtle.forward(80)               # 前进80像素
16      turtle.left(60)                  # 左转
17      turtle.forward(80)               # 前进80像素
18      turtle.end_fill()                # 结束填充
19      turtle.home()                    # 回到坐标原点
20  turtle.penup()                       # 抬笔
21  turtle.sety(-120)                    # 移动到圆的起点
22  turtle.pendown()                     # 落笔
```

```
23  turtle.pencolor('red')          # 设置画笔颜色
24  turtle.circle(120)              # 画圆
25  turtle.done()                   # 海龟绘图程序的结束语句
```

测试程序

运行程序，在打开的窗口中，将快速地绘制一朵太阳花，如图9.4所示。

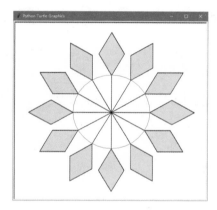

图9.4 绘制金色太阳花

优化程序

在本程序中，绘制菱形时，第2～4条边的代码是类似的，只是旋转的角度不同，所以可以将这些角度保存在一个列表中，然后通过循环来绘制菱形的2～4条边。修改后的代码如下：

```
01  import turtle                    # 导入海龟绘图模块
02  turtle.ht()                      # 隐藏海龟光标
03  turtle.speed(0)                  # 设置绘图速度为最快
04  turtle.delay(0)                  # 设置延迟为0
05  for i in range(12):              # 循环12次
06      turtle.left(30*i)            # 左转
07      turtle.forward(120)          # 前进120像素
08      turtle.color('black','yellow')  # 设置轮廓线为黑色，填充黄色
09      turtle.begin_fill()          # 开始填充
10      turtle.right(30)             # 右转
```

```
11      turtle.forward(80)              # 前进80像素
12      degree = [60,120,60]            # 定义记录旋转角度的列表
13      for d in degree:
14          turtle.left(d)              # 左转
15          turtle.forward(80)          # 前进80像素
16      turtle.end_fill()               # 结束填充
17      turtle.home()                   # 回到坐标原点
18  turtle.penup()                      # 抬笔
19  turtle.sety(-120)                   # 移动到圆的起点
20  turtle.pendown()                    # 落笔
21  turtle.pencolor('red')              # 设置画笔颜色
22  turtle.circle(120)                  # 画圆
23  turtle.done()                       # 海龟绘图程序的结束语句
```

运行程序，将看到如图9.4相同的效果。

英语角

home	degree
家、住所、家乡、定居地、家的、到家、回家	度、程度、度数、学位课程、严重程度（或级别）

绘制菱形

想要绘制菱形需要知道什么是菱形，先来看它的定义：有一组邻边相等的平行四边形叫作菱形。

根据定义可以得出菱形有以下特性：

● 菱形的四条边都相等。

● 菱形的对角线互相垂直平分，且平分每一组对角。

● 菱形的对角相等。

如图9.5所示。

在海龟绘图中，绘制菱形可以通过旋转→前进旋转→前进旋转→前进旋转→前进来实现。由于菱形的四条边都相等，所以只需要前进相同的距离即可，所以绘制菱形重点是计算旋转角度。以一个内角是60度为例，绘制菱形的示意图如图9.6所示。

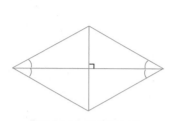

图9.5　菱形特性

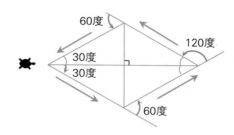

图9.6　绘制菱形示意图

例如，绘制一个边长为100，一个内角是60度的菱形，代码如下：

```
01  import turtle                    # 导入海龟绘图模块
02  turtle.shape('turtle')          # 显示海龟光标
03  turtle.right(30)                # 右转
04  turtle.forward(100)             # 前进100像素
05  turtle.left(60)                 # 左转
06  turtle.forward(100)             # 前进100像素
07  turtle.left(120)                # 左转
08  turtle.forward(100)             # 前进100像素
09  turtle.left(60)                 # 左转
10  turtle.forward(100)             # 前进100像素
11  turtle.done()                   # 海龟绘图程序的结束语句
```

运行程序，将绘制如图9.7所示的菱形。

回到坐标原点

功能：让小海龟回到坐标原点（0,0），并且朝向恢复为默认方向。

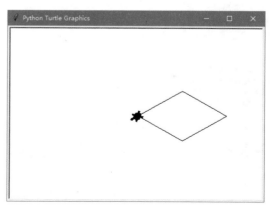

图9.7　绘制菱形

语法：

```
turtle.home()
```

举例： 让小海龟先左转90度，然后前进100像素，再让它回到坐标原点，代码如下。

```
01  import turtle              # 导入海龟绘图模块
02  turtle.shape('turtle')    # 显示海龟光标
03  turtle.left(90)           # 左转90度
04  turtle.forward(100)       # 绘制一条100像素的线
05  turtle.home()             # 回到坐标原点
06  turtle.done()             # 海龟绘图程序的结束语句
```

运行上面的代码，将显示如图9.8所示的结果。

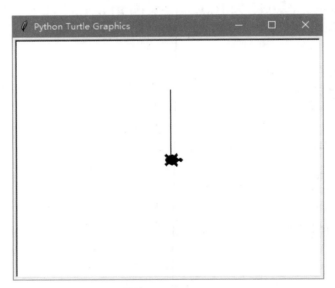

图9.8　旋转并画线后回到坐标原点

任务一：绘制中间虚线的太阳花

本任务要求修改本课任务代码，实现绘制中间虚线的太阳花，效果如图9.9所示。

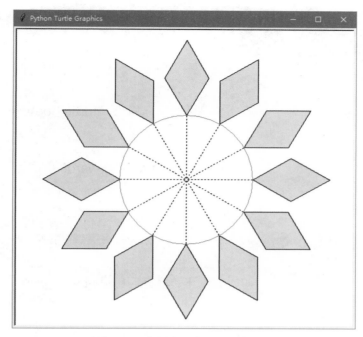

图9.9 绘制中间虚线的太阳花

任务二：绘制光芒四射的太阳

本任务要求应用海龟绘制光芒四射的太阳，效果如图9.10所示。

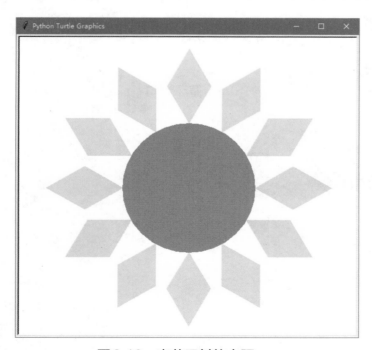

图9.10 光芒四射的太阳

turtle模块

回到坐标原点：turtle.home()

前进：turtle.forward()

逆时针旋转（左转）：turtle.left()

开始填充：turtle.begin_fill()

结束填充：turtle.end_fill()

绘制圆形：turtle.circle()

Python

表达式

for循环语句

数学 —— 菱形

第10课

斐波那契螺旋线

本课学习目标

- ◆ 了解如何计算斐波那契数列第n项的值
- ◆ 了解什么是斐波那契螺旋线
- ◆ 掌握如何绘制斐波那契螺旋线
- ◆ 掌握如何在Python中实现交换两个变量的值

扫描二维码
获取本课资源

根据课前的对话，我们可以知道，本课将要绘制一条斐波那契螺旋线，如图10.1所示。

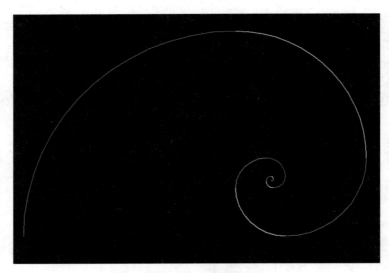

图10.1 斐波那契螺旋线

斐波那契螺旋线的作图规则是将以斐波那契数为边的正方形拼成一个长方形，并且在每个正方形中画一个90度的弧，连起来的弧线就是斐波那契螺旋线，如图10.2所示。

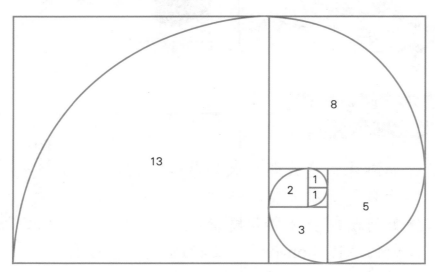

图10.2 作图规则

根据以上作图规则可以得出绘制斐波那契螺旋线的关键步骤如下：

　　① 定义斐波那契函数，用于计算斐波那契数列中第 *n* 项的值。

　　② 定义一个递归函数，不断地以斐波那契序列一项的值绘制 90 度的弧，从而完成斐波那契螺旋线的绘制。

　　根据任务探秘，可以得出如图 10.3 所示的流程图。

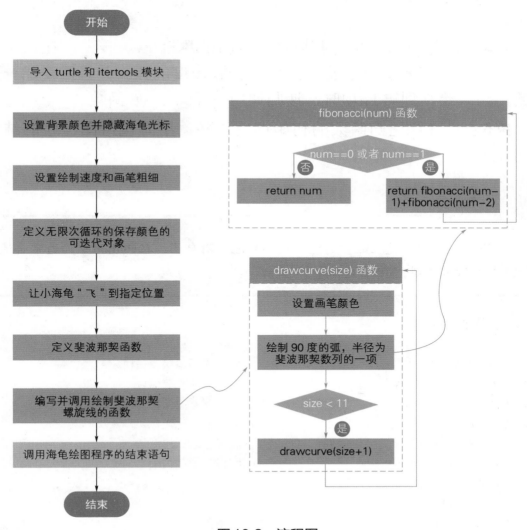

图 10.3　流程图

编程实现

创建一个Python文件，在该文件中，按以下步骤编写代码：

第1步 导入turtle和itertools模块，并设置窗口背景颜色、绘制速度和画笔粗细。

第2步 定义一个保存颜色的可迭代对象。

第3步 定义一个斐波那契函数，用于计算斐波那契数列第 n 项的值。

第4步 定义绘制斐波那契螺旋线的函数 **drawcurve()**，在该函数中，主要是以斐波那契序列一项的值绘制90度的弧。并且需要加一个判断，当未绘制到第11项时，递归调用 **drawcurve()** 函数。

第5步 进行递归函数的初始调用，并调用海龟绘图程序的结束语句。

递归：递归就是在运行的过程中不断地调用自己。在Python中，通常是通过递归函数来体现。

代码如下：

```
01  import turtle                          # 导入海龟绘图模块
02  import itertools                       # 导入随机数模块
03  turtle.bgcolor('black')                # 设置背景颜色
04  turtle.ht()                            # 隐藏海龟光标
05  turtle.speed(2)                        # 设置绘制速度
06  turtle.pensize(3)                      # 设置画笔粗细
07  colors = itertools.cycle(['red','yellow','green','cyan','blue','purple'])  # 颜色
08  turtle.penup()                         # 抬笔
09  turtle.forward(100)                    # 前进100
```

```
10   turtle.pendown()                        # 落笔
11   # 定义斐波那契函数
12   def fibonacci(num):
13       if num==0 or num==1:
14           return num
15       else:
16           return fibonacci(num-1)+fibonacci(num-2)
17   # 以斐波那契数列各项的值绘制90度的弧
18   def drawcurve(size):
19       turtle.pencolor(next(colors))       # 设置随机颜色
20       turtle.circle(fibonacci(size)*5,90)
      # 以斐波那契序列一项的值绘制90度的弧
21       if size < 11:                       # 当未绘制到第11项
22           drawcurve(size+1)               # 递归调用函数
23   drawcurve(1)                            # 调用函数
24   turtle.done()                          # 海龟绘图程序的结束语句
```

测试程序

运行程序，在打开的窗口中，将慢慢地绘制一条斐波那契螺旋线，如图10.4所示。

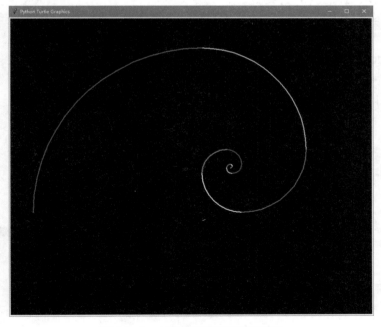

图10.4　绘制斐波那契螺旋线

优化程序

在前面的程序中，使用的是递归调用实现的。本程序，我们将使用while循环语句一项一项计算并绘制。这里重点应用了一种交换两个变量的值的新方法。修改后的代码如下：

```
01  import turtle                    # 导入海龟绘图模块
02  import itertools                 # 导入随机数模块
03  turtle.bgcolor('black')          # 设置背景颜色
04  turtle.ht()                      # 隐藏海龟光标
05  turtle.speed(2)                  # 设置绘制速度
06  turtle.pensize(3)                # 设置画笔粗细
07  colors = itertools.cycle(['red','yellow','green','cyan','blue',
      'purple'])                     # 颜色
08  turtle.penup()                   # 抬笔
09  turtle.forward(100)              # 前进100
10  turtle.pendown()                 # 落笔
11  a = 1                            # 默认的第1项
12  b = 1                            # 默认的第2项
13  # 以斐波那契数列各项的值绘制90度的弧
14  while a < 90:                    # 当未绘制第11项时
15      turtle.pencolor(next(colors)) # 设置随机颜色
16      turtle.circle(a*5,90)        # 以斐波那契序列一项的值绘制90度的弧
17      a,b = b,a+b                  # 将b的值赋值给a，再将a（未被重新赋值前的）+b
                                       的值赋值给b
18  turtle.done()                    # 海龟绘图程序的结束语句
```

运行程序，将看到如图10.4相同的效果。

英语角

fibonacci

菲波那契数列、斐波那契、斐波纳契

curve

曲线、弧线、曲面、弯曲、呈曲线形

计算斐波那契数列第 n 项的值

斐波那契数列是指除了第一项和第二项，所有的数列的值都是前一项和前一项的前一项的和。根据这个规律，可以通过编写递归调用函数来实现求该数列的第 n 项的值。

举例： 编写计算斐波那契数列第 n 项的值的函数并调用，代码如下：

```
01 def fibonacci(num):
02     if num==0 or num==1:
03         return num
04     else:
05         return fibonacci(num-1)+fibonacci(num-2)  # 递归调用
06 print('斐波那契数列第10项为：',fibonacci(10))
```

运行程序，将显示如图10.5所示的结果。

斐波那契数列第 10 项为：55

图10.5　显示斐波那契数列第 n 项的值

斐波那契螺旋线

斐波那契螺旋线，也称"黄金螺旋"，是根据斐波那契数列画出来的螺旋曲线。在自然界中，存在许多斐波那契螺旋线的图案，它是自然界最完美的经典黄金比例。例如，我们熟悉的向日葵花、鹦鹉螺（图10.6）等。

图10.6　鹦鹉螺

举例： 绘制一条斐波那契螺旋线，代码如下：

```python
01  import turtle                          # 导入海龟绘图模块
02  # 定义斐波那契函数
03  def fibonacci(num):
04      if num==0 or num==1:
05          return num
06      else:
07          return fibonacci(num-1)+fibonacci(num-2)
08  # 以斐波那契数列各项的值绘制90度的弧
09  def drawcurve(size):
10      turtle.circle(fibonacci(size)*3,90)
                                            # 以斐波那契序列一项的值绘制90度的弧
11      if size < 11:                       # 当未绘制到第11项
12          drawcurve(size+1)               # 递归调用函数
13  drawcurve(1)                            # 调用函数
14  turtle.done()                           # 海龟绘图程序的结束语句
```

运行上面的代码，将显示如图10.7所示的结果。

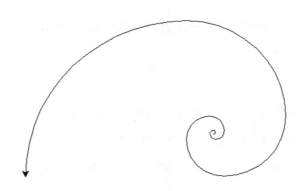

图10.7　旋转并画线后回到坐标原点

交换两个变量的值

通常情况下，想要实现交换两个变量的值，都需要借助第三个变量来实现。

举例： 定义两个变量 a 和 b，想要交换这两个变量的值，需要再定义一个变量 c，然后将变量 a 的值先保存在变量 c 中，再将变量 b 的值赋值给变量 a，最后将变量 c 的值再赋值给变量 b。代码如下：

```
01  a = 5
02  b = 6
03  print('交换前: a = ',a,'b = ',b)
04  c = a
05  a = b
06  b = c
07  print('交换后: a = ',a,'b = ',b)
```

运行上面的代码，将显示如图10.8所示的效果。

```
交换前: a =   5 b =   6
交换后: a =   6 b =   5
```

图10.8　借助第三个变量交换两个变量的值

在 Python 中，还提供了另一个简便方法也可以实现交换两个变量的值，该方法不借助第三个变量来实现。

举例：上面的功能也可以使用以下代码实现。

```
01  a = 5
02  b = 6
03  print('交换前: a = ',a,'b = ',b)
04  a,b = b,a                    # 交换
05  print('交换后: a = ',a,'b = ',b)
```

运行上面的代码，显示结果与图10.8相同。

任务一：将斐波那契数列的前20项保存在列表中

本任务要求编程一个程序，实现将斐波那契数列的前20项保存在列表中，并输出该列表，效果如图10.9所示。

```
斐波纳契数列: [1, 1, 2, 3, 5, 8, 13, 21, 34, 55, 89, 144,
233, 377, 610, 987, 1597, 2584, 4181, 6765]
```

图10.9　斐波那契数列的前20项列表

任务二：绘制斐波那契螺旋线漩涡

本任务要求通过不断旋转绘制斐波那契螺旋线，形成斐波那契螺旋线漩涡，效果如图10.10所示。

图10.10　斐波那契螺旋线漩涡

知识卡片

turtle模块
- 设置画笔颜色：turtle.pencolor()
- 绘制弧：turtle.circle()

Python
- 交换两个变量的值
- 计算斐波那契数列第n项的值
- 生成可反复执行循环的可迭代对象
  - import itertools
  - itertools.cycle()
- 获取迭代器中下一个元素：next()
- 递归函数

数学
- 斐波那契螺旋线

第11课

迷宫地图（上）

 本课学习目标

◆ 掌握如何打开并读取文本文件

◆ 掌握如何遍历二维列表

◆ 掌握如何去除字符串中空格

◆ 学会分割字符串

扫描二维码
获取本课资源

实现绘制迷宫地图，主要技术点是设计保存地图信息的TXT文件、读取保存地图信息的文本文件和遍历地图列表绘制迷宫地图。下面分别介绍。

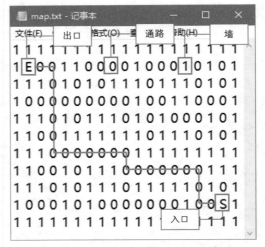

图11.1　保存地图信息的文本文件

设计保存地图信息的TXT文件：在该文件中，使用数字0代表该位置为通路，数字1代表该位置为墙，不可以通过。另外，还需要在通路的起点和终点使用字母S和E进行标识。如图11.1所示为一个设计好的保存地图信息的文本文件。

说明

在设计地图信息时，要保证在起点S和终点E之间有一条通路。如图11.1中的绿色线路为迷宫的通路。

读取保存地图信息的文本文件：可以通过with语句+open()函数+文件对象的readlines()方法实现，读取到的内容为一个二维列表，内容如图11.2所示。

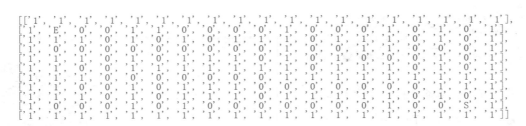

图11.2　保存地图信息的二维列表

遍历地图列表绘制迷宫地图：这里主要通过两个嵌套的for循环语句实现遍历，再通过让小海龟不停地画不同颜色的线，实现绘制迷宫地图。

 说明

在画线时，由于线的粗细和长短都是1像素，所以只需要根据数据在二维列表中的索引位置绘制即可。

 **规划流程**

根据任务探秘，可以得出如图11.3所示的流程图。

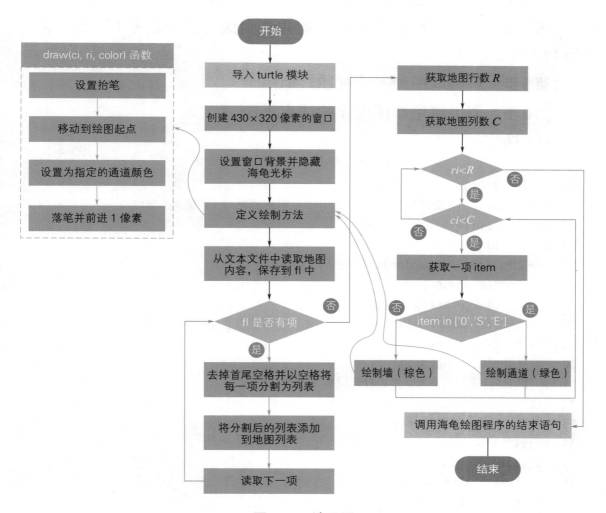

图11.3 流程图

编程实现

创建一个Python文件，在该文件中，按以下步骤编写代码：

第1步 导入turtle模块，并创建430×320像素的窗口，然后设置窗口背景图片。

第2步 隐藏海龟光标，并编写绘图方法**draw()**，在该方法中，首先将移动到绘图起点，然后绘制指定颜色的线。

第3步 从文本文件中读取地图数据，并且保存在一个二维列表中。

第4步 将迷宫列表的行数和列数分别保存到变量R（行数）和C（列数）中。

第5步 遍历地图列表绘制迷宫地图。

第6步 调用海龟绘图程序的结束语句。

代码如下：

```
01  import turtle                           # 导入海龟绘图模块
02  turtle.setup(430,320)                   # 创建430×320像素的窗口
03  turtle.bgpic('pic/bg.png')              # 设置背景图片
04  turtle.ht()                             # 隐藏海龟光标
05  def draw(ci, ri, color):
06      turtle.penup()                      # 抬笔
07      turtle.goto(ci, ri)                 # 移动到绘图起点
08      turtle.color(color)                 # 设置为指定的通道颜色
09      turtle.pendown()                    # 落笔
10      turtle.forward(1)                   # 前进1像素
11  # 读取保存地图的文本文件内容到列表
12  with open('map.txt', 'r') as f:         # 打开文件，获取地图数据
13      fl = f.readlines()                  # 读取全部行
14  mazeList = []                           # 保存地图的列表
15  for line in fl:                         # 将读取的内容以空格分割为二维列表
16      line = line.strip()                 # 去掉空格
17      line_list = line.split(' ')         # 以空格进行分割为列表
18      mazeList.append(line_list)          # 将分割后的列表添加到地图列表中
```

```
19  R = len(mazeList)                      # 行数
20  C = len(mazeList[0])                    # 列数
21  # 遍历地图列表绘制迷宫地图
22  for ri in range(R):                     # 遍历行
23      for ci in range(C):                 # 遍历列
24          item = mazeList[ri][ci]
25          if item in ['0','S','E']:
26              draw(ci, ri, 'green')       # 绘制通道
27          else:
28              draw(ci, ri, 'brown')       # 绘制墙
29  turtle.done()                           # 海龟绘图程序的结束语句
```

测试程序

运行程序，可以看到打开的窗口中，有一幅迷宫背景图片，在图片的中间隐约可以看到绘制的迷宫地图，如图11.4所示，放大后可以看到墙和通道，效果如图11.5所示。

图11.4　迷宫地图整体效果

图11.5　迷宫地图局部放大效果

 说明

在迷宫地图中，红色部分为墙，绿色部分为通道。

英语角

map

地图、绘制……的地图

with

具有、和、用、跟、使用、和……在一起、包括、因为

split

使分裂、使分开、分摊、分享、分离、划分、份额、裂缝

maze

迷宫、纷繁复杂的规则、迷宫图、使困惑、使混乱、迷失

strip

带、（陆地、海域等）狭长地带、除去、剥去、拆卸、剥夺

line

线、界线、排、轨道、沿……形成行（或列、排）

open

打开、开启、睁开

append

追加、（在文章后面）附加、增补

list

列表、名单、清单、目录、一览表、列举

item

项目、一件商品（或物品）、一则，一条（新闻）

打开文本文件

 说明

　　打开文件后，要及时将其关闭，如果忘记关闭可能会带来意想不到的问题。为了避免此类问题发生，可以使用Python提供的with语句，实现在处理文件时，无论是否抛出异常，都能保证with语句执行完毕后关闭已经打开的文件。

功能： 打开文件。

语法：

```
with open(filename,mode) as target:
    with-body
```

filename：要创建或打开文件的文件名称，需要使用单引号或双引号括起来。如果要打开的文件和当前文件在同一个目录下，那么直接写文件名即可，否则需要指定完整路径。

mode：可选参数，用于指定文件的打开模式，其参数值设置为r表示只读、w表示只写、a表示追加。默认的打开模式为只读（即r）。

target：用于指定一个变量，这里为文件对象。

with-body：用于指定with语句体，其中可以是执行with语句后相关的一些操作语句。如果不想执行任何语句，可以直接使用pass语句代替。

举例： 打开map.txt文件，代码如下：

```
01  with open('map.txt','r') as f:        # 打开保存迷宫地图的文件
02      pass
```

执行上面的代码，将打开一个名称为map.txt的文件。

文件对象的readlines()方法

功能： 读取全部行。

语法：

```
file.readlines()
```

file：打开的文件对象。在打开文件时，需要指定打开模式为r（只读）还是r+（读写）。

举例： 通过readlines()方法读取地图文件map.txt，并输出读取结果，代码如下：

```
01  with open('map.txt','r') as file:     # 打开保存地图数据的文件
02      messageall = file.readlines()      # 读取全部地图数据
03      for message in messageall:
04          print(message)                 # 输出每一行的数据
```

执行结果如图11.6所示。

```
1 1 1 1 1 1 1 1 1 1 1 1 1 1 1 1 1 1 1 1
1 E 0 0 1 1 0 0 0 0 1 0 0 0 1 0 1 0 1
1 1 1 0 1 0 1 0 1 1 1 0 1 1 1 0 1 0 1
1 0 0 0 0 0 0 0 0 0 1 0 0 1 1 0 0 0 1
1 1 1 0 1 0 1 1 1 0 1 0 1 0 0 0 1
1 1 0 0 1 1 1 1 1 1 1 0 1 1 1 0 1 0 1
1 1 1 0 0 0 0 0 0 0 1 1 1 1 1 1 1 1
1 1 0 0 1 0 1 1 1 0 0 0 0 0 0 1 1
1 1 1 0 1 0 1 1 1 0 1 1 1 1 1 0 1 0 1
1 0 0 0 1 0 1 0 0 0 0 0 0 0 1 0 0 S 1
1 1 1 1 1 1 1 1 1 1 1 1 1 1 1 1 1 1 1
```

图11.6　应用readlines()方法并逐行输出地图数据

遍历二维列表

在Python中，二维列表就是包含列表的列表。即一个列表的每一个元素又都是一个列表。例如，下面的列表就是二维列表。

```
[['千', '山', '鸟', '飞', '绝'],
['万', '径', '人', '踪', '灭'],
['孤', '舟', '蓑', '笠', '翁'],
['独', '钓', '寒', '江', '雪']]
```

想要遍历二维列表，可以使用嵌套的for循环语句来实现。

举例：遍历上面的二维列表，可以使用下面的代码实现。

```
01  lists = [['千', '山', '鸟', '飞', '绝'],
02  ['万', '径', '人', '踪', '灭'],
03  ['孤', '舟', '蓑', '笠', '翁'],
04  ['独', '钓', '寒', '江', '雪']]
05  for i in range(len(lists)):            # 遍历行
06      for j in range(len(lists[0])):     # 遍历列
07          print(lists[i][j],end='')      # 在一行上输出
08      print()                            # 换行
```

运行上面的代码，将输出以下内容。

千山鸟飞绝
万径人踪灭
孤舟蓑笠翁
独钓寒江雪

去除特殊字符

功能：去掉字符串左、右两侧的特殊字符。

语法：

```
str.strip(chars)
```

str：表示要去除空格的字符串。

chars：可选参数，用于指定要去除的字符，可以指定多个。如果设置chars为"@."，则去除左、右两侧包的"@"或"."。如果不指定chars参数，默认将去除空格、制表符"\t"、回车符"\r"、换行符"\n"等。

举例：先定义一个字符串"   如梦令   "，首尾都包括空格，然后输出该字符串，再应用**strip()**方法去除空格并输出，代码如下：

```
01  name = '     如梦令     '
02  print(name)              # 输出原字符串
03  print(name.strip())      # 去除首尾空格并输出
```

上面的代码运行后，将显示如图11.7所示的结果。

图11.7　strip()方法示例

分割字符串

功能：字符串分割，也就是把一个字符串按照指定的分隔符切分

为字符串列表。

语法：

```
str.split(sep)
```

str：表示要进行分割的字符串。

sep：用于指定分隔符，可以包含多个字符，默认为None，即所有空字符（包括空格、换行符"\n"、制表符"\t"等）。

举例： 定义一个字符串，然后应用split()方法根据不同的分隔符进行分割，代码如下：

```
01  string = '枯藤|老树|昏鸦，小桥|流水|人家，古道|西风|瘦马'
02  lists = string.split('|')          # 采用|进行分割
03  print(lists)
04  lists = string.split('，')          # 采用，进行分割
05  print(lists)
```

上面的代码在执行后，将显示如图11.8所示的结果。

```
['枯藤'，'老树'，'昏鸦，小桥'，'流水'，'人家，古道'，'西风'，'瘦马']
['枯藤|老树|昏鸦'，'小桥|流水|人家'，'古道|西风|瘦马']
```

图11.8 分割字符串的结果

任务一：在IDLE Shell中输出迷宫地图

在本课中，通过海龟绘图绘制的迷宫地图太小，不放大根本看不清楚。这时，我们可以使用print()函数实现在IDLE Shell窗口中输出由字符组成的迷宫地图。效果如图11.9所示。（提示：通道部分可以使用全角空格输出，墙可以使用实心方块符号输出。）

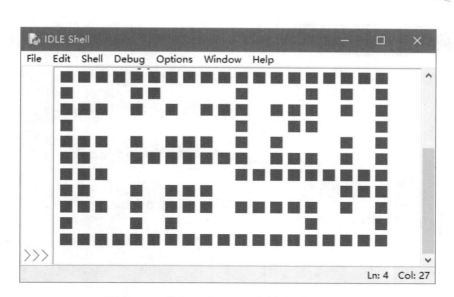

图11.9　在IDLE Shell中输出迷宫地图

任务二：创建一个迷宫地图文本文件

创建一个可以绘制出如图11.10所示的迷宫地图的文本文件，命名为mymap.txt。

图11.10　想要绘制的迷宫地图

turtle模块

移动到指定位置：turtle.goto()

设置画笔颜色：turtle.color()

抬笔：turtle.penup()

落笔：turtle.pendown()

前进：turtle.forward()

Python

打开文本文件：with open() as target

读取全部行：file.readlines()

遍历二维列表

去除空格：str.strip()

分割字符串：str.split()

迷宫地图（下）

 本课学习目标

◆ 熟悉如何禁用海龟动画

◆ 学会为函数设置返回值

◆ 掌握从文本文件中读取迷宫地图信息

扫描二维码
获取本课资源

由于在第11课时，我们绘制的迷宫地图太小，看不清。本节课对其进行改进，也就是将通道加宽。下面对实现这一功能的主要技术点分别进行介绍。

使用绘制正方形代替画线：这里不同于画线，需要计算正方形的起始位置。由于想要从正方形的左上角开始绘制正方形，所以我们只需要确定出左上角的x和y值即可。根据第11课得到的列表数据，可以绘制出如图12.1所示的方格图。

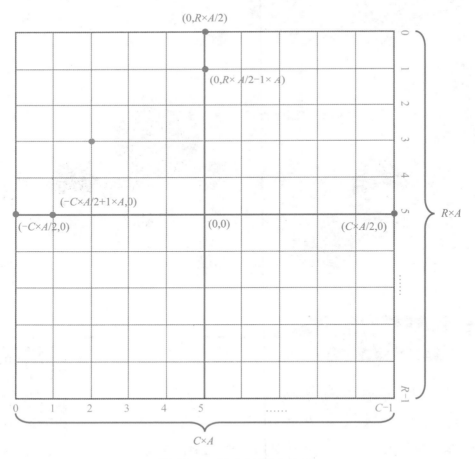

图12.1　迷宫地图方格图

在图 12.1 中，A 代表一个正方形的边长；C 代表列数；R 代表行数。根据上面的提示可以推算出绘制每个点时，x 和 y 坐标的表达式为（其中，ci 表示当前列数，ri 表示当前行数）：

$$x = -C \times A/2 + ci \times A$$
$$y = R \times A/2 - ri \times A$$

例如，图 12.1 中的蓝色圆点所在位置的 x 和 y 坐标可以这样表示。

```
01  ci = 2
02  ri = 3
03  x = -C * A/2+ci * A
04  y= R * A/2-ri * A
```

分别判断墙、出口和入口：主要使用 if…elif…elif…else 语句完成。

设置墙为随机颜色：主要通过调用 random.randint() 方法生成指定范围的颜色值。由于通道被设置为 (191, 217, 225)，所以为了防止生成的墙的颜色与该值相似，需要控制随机的颜色值范围。

设置隐藏动画效果：使用海龟绘图的 tracer() 方法实现。

根据任务探秘，可以得出如图 12.2 所示的流程图。

在图 12.2 中，紫色背景白色文字的区块为新增加的步骤。

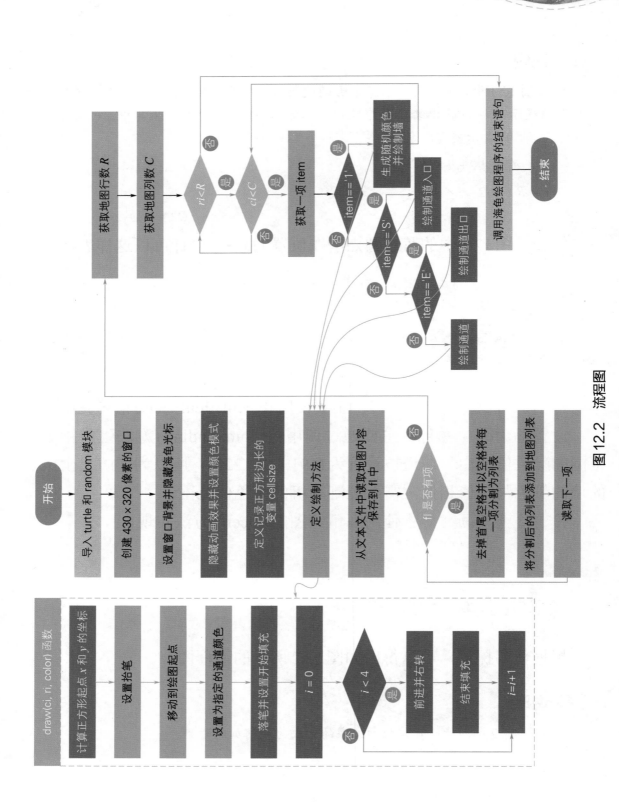

图12.2 流程图

编程实现

在第11课代码基础上进行以下修改。

第1步　由于需要设置随机颜色，所以还需要导入random模块。

第2步　增加隐藏动画效果、设置颜色模式，以及定义变量，记录一个格子的尺寸。

第3步　修改draw()方法，将原来绘制线的代码修改为绘制正方形的代码。

第4步　修改遍历地图列表绘制迷宫地图的代码，将墙、出口和入口的情况分别判断，并且设置绘制墙时采用随机颜色。

修改后的完整代码如下：

```
01  import turtle                              # 导入海龟绘图模块
02  import random                              # 导入随机数模块
03  turtle.setup(430,320)                      # 创建430×320像素的窗口
04  turtle.bgpic('pic/bg.png')                 # 设置背景图片
05  turtle.ht()                                # 隐藏海龟光标
06  turtle.tracer(0)                           # 隐藏动画效果
07  turtle.colormode(255)                      # 设置颜色模式
08  cellsize = 20                              # 一个格子的尺寸
09  def draw(ci, ri, color):
10      tx = ci * cellsize - C * cellsize / 2
    # 根据索引值计算每个正方形的起点（x坐标）
11      ty = R * cellsize /2 - ri * cellsize
    # 根据索引值计算每个正方形的起点（y坐标）
12      turtle.penup()                         # 抬笔
13      turtle.goto(tx, ty)                    # 移动到绘图起点（正方形的左上角）
14      turtle.color(color)                    # 设置为指定的通道颜色
15      turtle.pendown()                       # 落笔
16      turtle.begin_fill()                    # 填充开始
17      for i in range(4):                     # 绘制正方形
18          turtle.fd(cellsize)
```

```
19              turtle.right(90)
20          turtle.end_fill()                       # 填充结束
21  # 读取保存地图的文本文件内容到列表
22  with open('map.txt', 'r') as f:                 # 打开文件获取地图数据
23      fl = f.readlines()                          # 读取全部行
24  mazeList = []                                   # 保存地图的列表
25  for line in fl:                                 # 将读取的内容以空格分割为二维列表
26      line = line.strip()                         # 去掉空格
27      line_list = line.split(' ')                 # 以空格进行分割为列表
28      mazeList.append(line_list)                  # 将分割后的列表添加到地图列表中
29  R = len(mazeList)                               # 行数
30  C = len(mazeList[0])                            # 列数
31  # 遍历地图列表绘制迷宫地图
32  for ri in range(R):                             # 遍历行
33      for ci in range(C):                         # 遍历列
34          item = mazeList[ri][ci]
35          if item == '1':                         # 判断墙
36              r = random.randint(100, 130)        # 红色值
37              g = random.randint(150, 180)        # 绿色值
38              draw(ci, ri, (r, g, 200))           # 绘制墙
39          elif item == 'S':                       # 判断入口
40              draw(ci, ri, (0, 255, 0))           # 绘制入口通道
41          elif item == 'E':                       # 判断出口
42              draw(ci, ri, (255, 0, 0))           # 绘制出口通道
43          else:
44              draw(ci, ri, (191, 217, 225))       # 绘制通道
45  turtle.done()                                   # 海龟绘图程序的结束语句
```

说明

关于颜色的具体取值请参见bgcolor()方法。

测试程序

运行程序，可以看到打开的窗口中，有一幅迷宫背景图片，在图片的中间显示着迷宫地图，如图12.3所示。

图12.3 绘制迷宫地图

 说明

在绘制迷宫地图中，绿色方块代表迷宫入口，红色方块代码迷宫出口。

优化程序

由于上面的实现代码比较多，看起来结构不是很清晰，所以我们可以将实现各部分功能的代码定义为单独的函数并调用。这里主要增加两个函数，分别为获取地图数据的**get_map()**函数和绘制地图的**draw_map()**函数。修改后的代码如下：

```python
01  import turtle                          # 导入海龟绘图模块
02  import random                          # 导入随机数模块
03  turtle.setup(430,320)                  # 创建430×320像素的窗口
04  turtle.bgpic('pic/bg.png')             # 设置背景图片
05  turtle.ht()                            # 隐藏海龟光标
06  turtle.tracer(0)                       # 隐藏动画效果
07  turtle.colormode(255)                  # 设置颜色模式
08  cellsize = 20                          # 一个格子的尺寸
09  def draw(ci, ri, color):
10      tx = ci * cellsize - C * cellsize / 2
        # 根据索引值计算每个正方形的起点（x坐标）
11      ty = R * cellsize /2 - ri * cellsize
        # 根据索引值计算每个正方形的起点（y坐标）
```

```
12      turtle.penup()                        # 抬笔
13      turtle.goto(tx, ty)                   # 移动到绘图起点（正方形的左上角）
14      turtle.color(color)                   # 设置为指定的通道颜色
15      turtle.pendown()                      # 落笔
16      turtle.begin_fill()                   # 填充开始
17      for i in range(4):                    # 绘制正方形
18          turtle.fd(cellsize)
19          turtle.right(90)
20      turtle.end_fill()                     # 填充结束
21 def get_map(filename):
22      # 读取保存地图的文本文件内容到列表
23      with open(filename, 'r') as f:        # 打开文件获取地图数据
24          fl = f.readlines()                # 读取全部行
25      mazeList = []                         # 保存地图的列表
26      for line in fl:                       # 将读取的内容以空格分割为二维列表
27          line = line.strip()               # 去掉空格
28          line_list = line.split(' ')       # 以空格进行分割为列表
29          mazeList.append(line_list) # 将分割后的列表添加到地图列表中
30      return mazeList                       # 返回地图列表
31 def draw_map(mazelist):
32      # 遍历地图列表绘制迷宫地图
33      for ri in range(R):                   # 遍历行
34          for ci in range(C):               # 遍历列
35              item = mazelist[ri][ci]
36              if item == '1':               # 判断墙
37                  r = random.randint(100, 130)    # 红色值
38                  g = random.randint(150, 180)    # 绿色值
39                  draw(ci, ri, (r, g, 200))       # 绘制墙
40              elif item == 'S':             # 判断入口
41                  draw(ci, ri, (0, 255, 0))        # 绘制入口通道
42              elif item == 'E':  # 判断出口
43                  draw(ci, ri, (255, 0, 0))# 绘制出口通道
44              else:
45                  draw(ci, ri, (191, 217, 225))    # 绘制通道
46 mazeList = get_map('map.txt')             # 获取地图数据
47 R = len(mazeList)                         # 行数
48 C = len(mazeList[0])                      # 列数
49 draw_map(mazeList)                        # 绘制地图
50 turtle.done()                             # 海龟绘图程序的结束语句
```

运行程序，将显示如图12.3所示相同的结果。

tracer

示踪剂、同位素指示剂

cell

单间牢房、牢房、细胞、电池、单元格

size

大小、大量、大规模、尺码、号、胶料、标定……的大小

area

地区、地域、场地、部位、领域、面积

tracer()方法

我发现小海龟总是一笔一笔地画，即使设置画笔的速度为0（最快），并且设置延迟为0，也还是会有动画效果。

我们可以使用海龟绘图提供的tracer()方法来启用或禁用海龟动画。

功能： 设置当前海龟不显示动画效果。

语法：

```
turtle.tracer(n=None)
```

n：可选参数，为大于或等于0的整数，如果设置为0，则表示禁用海龟动画，否则启用海龟动画。当n为1时，表示正常速度，数越大，动画的速度越快。

举例： 想要设置当前海龟不显示动画效果，代码如下：

```
01  import turtle          # 导入海龟绘图模块
02  turtle.tracer(0)       # 禁用动画效果
03  turtle.forward(300)    # 绘制一条300像素的线
04  turtle.tracer(1)       # 启用动画效果
05  turtle.done()          # 海龟绘图程序的结束语句
```

运行程序，直接在打开的窗口中显示一条300像素的线。

函数的返回值

功能： 为函数指定返回值。该返回值可以是任意类型，并且无论return语句出现在函数的什么位置，只要得到执行，就会直接结束函数的执行。

语法：

```
return value
```

value：可选参数，用于指定要返回的值，可以返回一个值，也可返回多个值。

为函数指定返回值后，在调用函数时，可以把它赋给一个变量（如result），用于保存函数的返回结果。如果返回一个值，那么result中保存的就是返回的一个值，该值可以为任意类型；如果返回多个值，那么result中保存的是一个元组。

> **说明**
>
> 当函数中没有return语句时，或者省略了return语句的参数时，将返回None，即返回空值。

举例： 编写一个名称为fun的函数，用于计算矩形的面积，该函数包括两个参数，分别为矩形的长和宽，返回值为计算得到的矩形面积。代码如下：

```
01  def fun(width,height):
02      area = width*height    # 计算矩形面积
03      return area            # 返回矩形的面积
```

```
04  w = 18                    # 长
05  h = 10                    # 宽
06  area = fun(w,h)           # 调用函数
07  print(area)
```

运行结果如下：

```
180
```

任务一：绘制第11课的挑战任务中设计的迷宫地图

本任务要求将第11课的挑战任务中设计的迷宫地图绘制出来，效果如图12.4所示。

图12.4　绘制迷宫地图

任务二：随机显示迷宫地图

本任务要求设计map1.txt、map2.txt、map3.txt、map4.txt等4个迷宫地图文件，然后在绘制迷宫地图时，从这4个文件中随机选取一个进行绘制。如图12.5、图12.6所示。

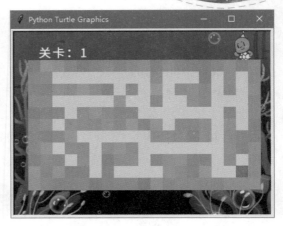

图 12.5　随机显示迷宫地图 1　　　　　　图 12.6　随机显示迷宫地图 2

知识卡片

turtle模块

- 禁用海龟动画：tracer()
- 设置画笔颜色：turtle.color()
- 抬笔：turtle.penup()
- 落笔：turtle.pendown()
- 前进：turtle.fd()
- 移动到指定位置：turtle.goto()
- 顺时针旋转（右转）：turtle.right()

Python

- 函数的返回值：return
- 表达式
- for循环语句
- 获取对象长度：len()

　　根据课前的对话，我们知道，乐乐使用海龟绘图画出了如图9.1所示的圆柱，那么它是怎么实现的呢？下面我们一起来分析。

图9.1　将要绘制的圆柱

　　从图9.1中可以看出。这个圆柱的顶部实际是一个椭圆形。但是在海龟绘图中，没有提供绘制椭圆的方法。不过可以通过绘制多边形的方式实现。例如，通过画120条线，每次旋转3度，来实现绘制一个圆形。采用此方法，绘制青红相间的圆形，如图9.2所示。

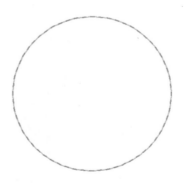

图9.2　绘制圆形

　　在绘制椭圆时，只需要有规律地改变线的长度即可。例如，可以将120条线分成4段，第1段（0~29）长度不断增加；第2段（30~59）长度不断减少；第3段（60~89）长度不断增加；第4段（90~119）长度不断减少，如图9.3所示。

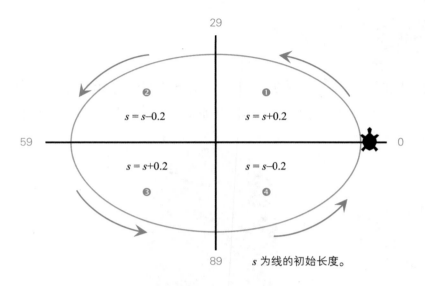

图9.3　绘制椭圆示意图

绘制立体图形时，可以通过面动成体实现。例如，想要绘制圆柱，则可以绘制多个椭圆叠一起实现，如图9.4所示。

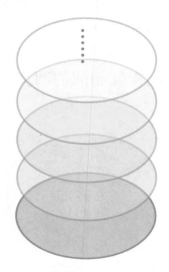

图9.4　多个椭圆叠在一起组成圆柱

根据任务探秘，可以得出如图9.5所示的流程图。

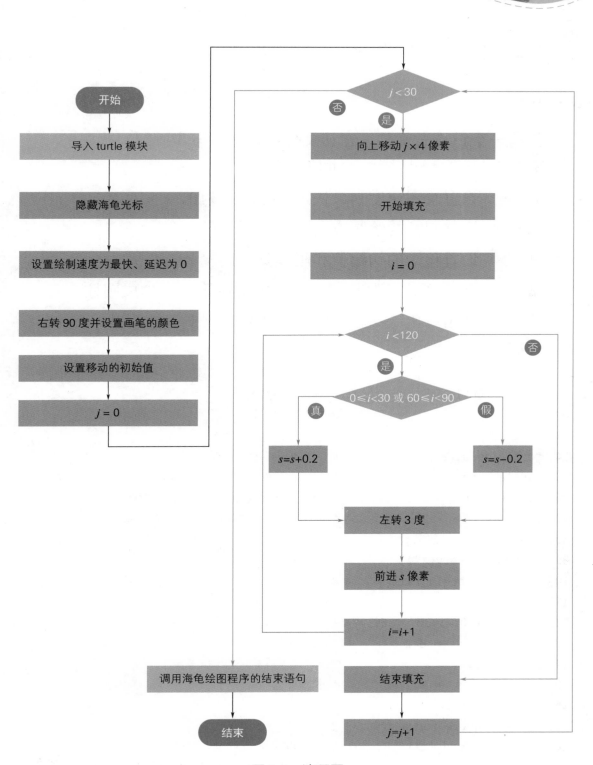

图9.5　流程图

编程实现

创建一个Python文件，在该文件中，按以下步骤编写代码：

第1步 导入turtle模块，并隐藏海龟光标。

第2步 设置绘图速度为最快，延迟时间为0。

第3步 调整圆柱的绘制方向。

第4步 设置移动的初始值和画笔颜色。

第5步 循环30次绘制层叠在一起的椭圆形，叠加成圆柱。

第6步 调用海龟绘图程序的结束语句。

代码如下：

```
01  import turtle                    # 导入海龟绘图模块
02  turtle.ht()                      # 隐藏海龟光标
03  turtle.speed(0)                  # 设置绘制速度为最快
04  turtle.delay(0)                  # 设置延迟时间
05  turtle.right(90)                 # 调整圆柱的方向
06  turtle.color('red','orange')     # 设置边线颜色为红色,填充颜色为橙色
07  s=1                              # 设置移动的初始值
08  for j in range(30):              # 高
09      turtle.sety(j*4)             # 向上移动
10      turtle.begin_fill()          # 开始填充
11      for i in range(120):         # 绘制一个椭圆
12          if 0<=i<30 or 60<=i<90:
13              s += 0.2             # 长度递增
14          else:
15              s -= 0.2             # 长度递减
16          turtle.left(3)           # 左转3度
17          turtle.forward(s)        # 前进
18      turtle.end_fill()            # 结束填充
19  turtle.done()                    # 海龟绘图程序的结束语句
```

测试程序

运行程序，在打开的窗口中，将快速绘制一个立体圆柱模型，如图9.6所示。

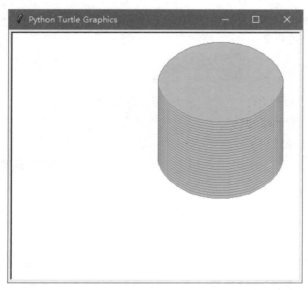

图9.6　绘制立体圆柱模型

优化程序

在上面的程序中，绘制的圆柱位于窗口的右上角。这里可以使用setx()和sety()方法将其调整到居中的位置。修改后的代码如下：

```
01  import turtle                      # 导入海龟绘图模块
02  turtle.ht()                        # 隐藏海龟光标
03  turtle.speed(0)                    # 设置绘制速度为最快
04  turtle.delay(0)                    # 设置延迟时间
05  turtle.penup()                     # 抬笔
06  turtle.setx(-100)                  # 设置海龟的横坐标x
07  turtle.sety(-50)                   # 设置海龟的纵坐标y
08  turtle.pendown()                   # 落笔
09  turtle.right(90)                   # 调整圆柱的方向
10  turtle.color('red','orange')       # 设置边线颜色为红色,填充颜色为橙色
11  s=1                                # 设置移动的初始值
```

```
12  for j in range(30):              # 高
13      turtle.sety(j*4-50)          # 向上移动
14      turtle.begin_fill()          # 开始填充
15      for i in range(120):         # 绘制一个椭圆
16          if 0<=i<30 or 60<=i<90:
17              s += 0.2             # 长度递增
18          else:
19              s -= 0.2             # 长度递减
20          turtle.left(3)           # 左转3度
21          turtle.forward(s)
22      turtle.end_fill()            # 结束填充
23  turtle.done()                    # 海龟绘图程序的结束语句
```

 说明

　　在上面的代码中，第13行代码中，一定要减去50。这是因为通过sety()方法设置的是坐标，不是相对位置。

　　运行程序，在打开的窗口中，将快速绘制一个居中的立体圆柱模型，如图9.7所示。

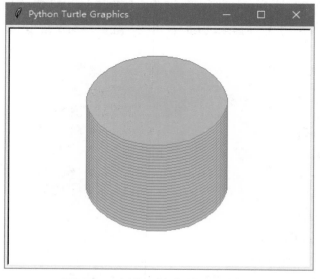

图9.7　改进后的立体圆柱模型

英语角

delay	set
延迟、推迟、延期、使迟到、使耽搁、使拖延	设置、放、集合、使处于某种状况、布景

设置画笔的速度

功能：调整画笔的绘制速度的快慢。

语法：

```
turtle.speed(speed)
```

speed：可选参数，值为0~10之间的整数，0表示最快，1表示最慢，然后逐渐加快。如果不指定，则获取当前的画笔速度。

说明

speed = 0表示没有动画效果。forward()方法将使海龟向前跳跃，同样的left()/right()方法将使海龟立即改变朝向。

举例：将画笔的速度设置为最快，代码如下：

```
turtle.speed(0)          # 设置画笔的速度，0为最快
```

将画笔的速度设置为正常，代码如下：

```
turtle.speed(6)          # 设置画笔的速度，6为正常
```

设置动画延迟

功能：设置动画延迟时间，即设置连续两次画布刷新的间隔时

间，这样可以更精确地调整动画速度。

语法：

```
turtle.delay(delay)
```

delay：可选参数，设置为有效的正整数，单位为毫秒。数值越大，动画速度越慢。默认的延迟时间为10毫秒。如果不指定，则获取当前的延迟时间。

举例： 将动画的延迟设置为最小，可以将其值设置为0，代码如下：

```
turtle.delay(0)              # 设置动画的延迟为0毫秒
```

获取当前动画的延迟并输出，代码如下：

```
print(turtle.delay())        # 获取并输出当前动画的延迟
```

设置x坐标

功能： 让小海龟直接"跳"到指定的横坐标x的位置，纵坐标y保持不变，并且海龟的朝向也不变。

语法：

```
turtle.setx(x)
```

x：表示指定的数值（x坐标）。

举例： 设置小海龟的x坐标为-100，代码如下：

```
01  import turtle             # 导入海龟绘图模块
02  turtle.setx(-100)         # 设置x坐标为 -100
```

运行上面的代码，将显示如图9.8所示的结果。

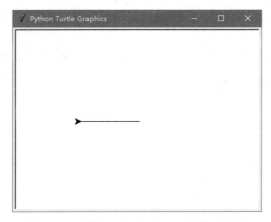

图9.8 设置小海龟的x坐标为−100

 说明

使用setx()方法时，无论小海龟当前在什么位置，朝向是什么，都直接爬到x坐标指定的位置，y坐标不变。

设置小海龟先左转90度，然后前进100像素，再设置x坐标为−100，代码如下：

```
01  import turtle          # 导入海龟绘图模块
02  turtle.left(90)        # 左转
03  turtle.forward(100)    # 前进100像素
04  turtle.setx(-100)      # 设置x坐标为 -100
```

运行上面的代码，将显示如图9.9所示的结果。

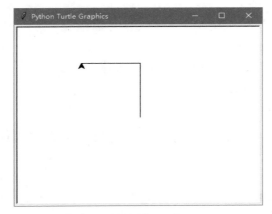

图9.9 先向上爬行再设置x坐标

设置 y 坐标

功能： 让小海龟直接"跳"到指定的纵坐标 y 的位置，横坐标 x 保持不变，并且海龟的朝向也不变。

语法：

```
turtle.sety(y)
```

y：表示指定的数值（y 坐标）。

举例： 设置小海龟的 y 坐标为100，代码如下：

```
01  import turtle       # 导入海龟绘图模块
02  turtle.sety(100)    # 设置y坐标为100
```

运行上面的代码，将显示如图9.10所示的结果。

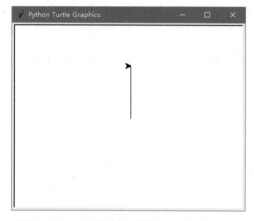

图9.10　设置小海龟的 y 坐标为100

说明

使用 sety() 方法时，无论小海龟当前在什么位置，朝向是什么，都直接爬到 y 坐标指定的位置，x 坐标不变。

设置小海龟先前进100像素，再设置 y 坐标为100，代码如下：

```
01  import turtle         # 导入海龟绘图模块
02  turtle.forward(100)   # 前进100像素
03  turtle.sety(100)      # 设置y坐标为100
```

运行上面的代码，将显示如图9.11所示的结果。

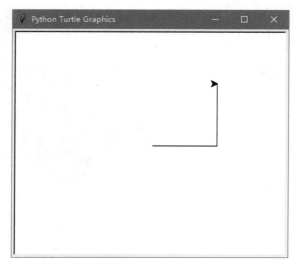

图9.11　先向前爬行再设置y坐标

任务一：绘制红黄相间的椭圆

本任务要求应用海龟绘图模块绘制红黄相间的椭圆，效果如图9.12所示。

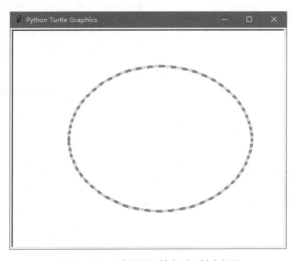

图9.12　绘制红黄相间的椭圆

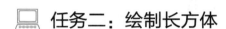

任务二：绘制长方体

本任务要求应用海龟绘图模块绘制长方体，效果如图9.13所示。

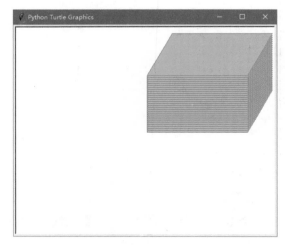

图9.13　绘制长方体

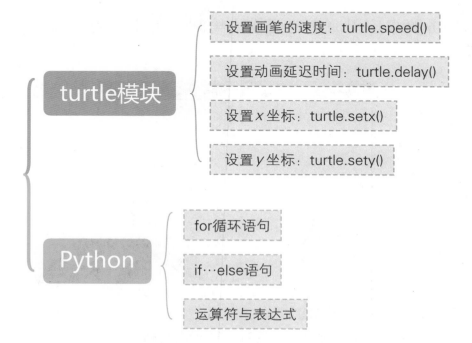

第10课

酷炫彩虹伞

 本课学习目标

◆ 掌握如何根据直角三角形的斜边和底角求另外两条边

◆ 掌握如何将角度转换为弧度

◆ 学会如何求一个弧度的余弦值

扫描二维码
获取本课资源

根据课前的对话，我们可以知道，本课将要绘制如图10.1所示的彩虹伞。

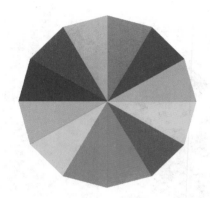

图10.1　将要绘制的彩虹伞

从图10.1中可以看出，这把彩虹伞是由12个不同颜色的等腰三角形组成。所以，我们可以让小海龟围绕着原点不断地旋转并绘制等腰三角形来实现，如图10.2所示。

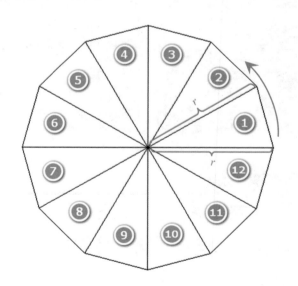

图10.2　彩虹伞拆解图

根据上面的信息，可以知道，想要输出彩虹伞，重点是绘制一个等腰三角形。重要的绘制信息如图10.3所示。

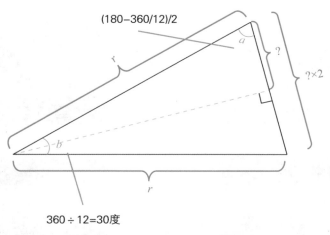

图 10.3 绘制一个等腰三角形

在图 10.3 中，$\angle a$ 为底角；腰的长度为 r；橙色虚线为等腰三角形的高，将这个等腰三角形分为两个相等的直角三角形。

根据这些信息，再根据直角三角形已知斜边和底角，求另外两条边的公式，可以得出：

$$?=r\times\cos a=r\times\cos[(180-360/12)/2]$$

所以等腰三角形的底边为：

$$?\times 2=r\times\cos[(180-360/12)/2]\times 2$$

根据以上信息即可以绘制所需的等腰三角形了。关键步骤如下：

① 让小海龟从圆心出发，前进 r 像素。

② 先向左转（$180-a$）度，然后前进 $r\times\cos a\times 2$ 像素

③ 先向左转（$180-a$）度，然后前进 r 像素。

④ 左转或右转 180 度，让小海龟的头朝向下一个等腰三角形的第一条边的绘制方向。

经过以上 4 个步骤即可完成一个等腰三角形的绘制，接下来让以上步骤循环 12 次即可完成 12 个等腰三角形的绘制。

规划流程

根据任务探秘，可以得出如图 10.4 所示的流程图。

103

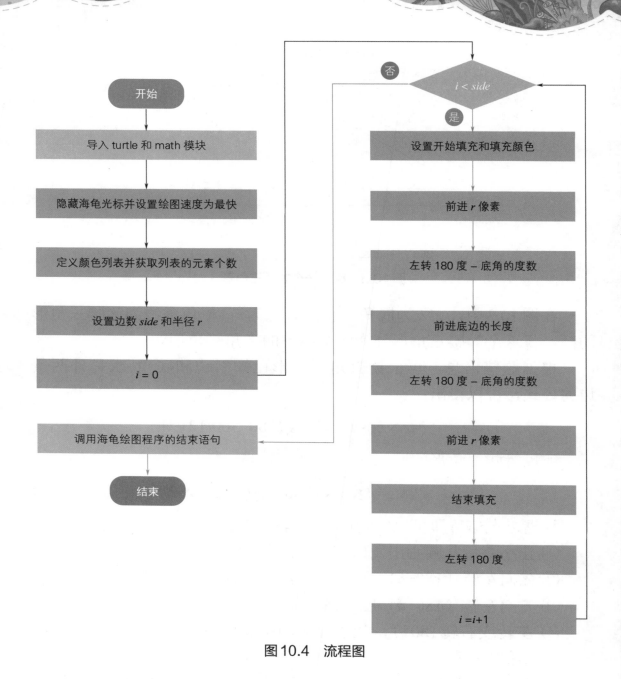

图10.4 流程图

探索实践

编程实现

创建一个Python文件，在该文件中，按以下步骤编写代码：

第1步 导入turtle和math模块，并隐藏海龟光标。

第2步 设置绘图速度为最快。

第3步 定义颜色列表并获取列表中元素的个数。

第4步 设置边数和半径变量。

第5步 循环绘制每一个等腰三角形。这里需要计算旋转角度和第二条边（即等腰三角形的底边）的长度。

第6步 调用海龟绘图程序的结束语句。

代码如下：

```
01  import turtle              # 导入海龟绘图模块
02  import math                # 导入数学模块
03  turtle.ht()                # 隐藏海龟光标
04  turtle.speed(0)            # 设置绘制速度为最快
05  colorlist = ['cyan','blue','red','orange','green','purple',
    'skyblue','yellow','lime','deeppink','royalblue','pink']      # 颜色列表
06  num = len(colorlist)       # 获取列表中元素的个数
07  side = 12                  # 设置边数
08  r = 200                    # 半径
09  for i in range(side):      # 循环绘制每一个等腰三角形
10      turtle.begin_fill()    # 开始填充
11      turtle.color(colorlist[i%num]) # 设置填充颜色
12      turtle.forward(r)      # 绘制三角形的第一条边
13      turtle.left(180-(180-360/side)/2) # 旋转角度
14      turtle.forward(math.cos(math.radians((180-360/side)/2))*r*2)
                               # 绘制三角形的第二条边
15      turtle.left(180-(180-360/side)/2) # 旋转角度
16      turtle.forward(r)      # 绘制三角形的第三条边
17      turtle.end_fill()      # 结束填充
18      turtle.left(180)       # 左转180度
19  turtle.done()              # 海龟绘图程序的结束语句
```

测试程序

运行程序，在打开的窗口中，将快速绘制一把彩虹伞，如图10.5所示。

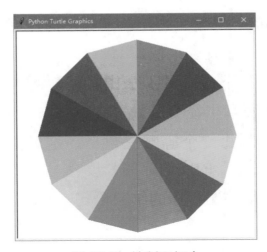

图10.5　绘制彩虹伞

优化程序

在上面的程序中，绘制的彩虹伞只有伞面。如果在中心位置，绘制一个黑色的小圆点，将更逼真。修改后的代码如下：

```python
01  import turtle                    # 导入海龟绘图模块
02  import math                      # 导入数学模块
03  turtle.ht()                      # 隐藏海龟光标
04  turtle.speed(0)                  # 设置绘制速度为最快
05  colorlist = ['cyan','blue','red','orange','green','purple',
    'skyblue','yellow','lime','deeppink','royalblue','pink']   # 颜色列表
06  num = len(colorlist)             # 获取列表中元素的个数
07  side = 12                        # 设置边数
08  r = 200                          # 半径
09  for i in range(side):            # 循环绘制每一个等腰三角形
10      turtle.begin_fill()          # 开始填充
11      turtle.color(colorlist[i%num])          # 设置填充颜色
12      turtle.forward(r)            # 绘制三角形的第一条边
13      turtle.left(180-(180-360/side)/2) # 旋转角度
14      turtle.forward(math.cos(math.radians((180-360/
        side)/2))*r*2)             # 绘制三角形的第二条边
15      turtle.left(180-(180-360/side)/2) # 旋转角度
16      turtle.forward(r)            # 绘制三角形的第三条边
17      turtle.end_fill()            # 结束填充
18      turtle.left(180)             # 左转180度
```

```
19  turtle.color('black')         # 设置画笔颜色
20  turtle.dot(10)                # 绘制直径为10像素的小圆点
21  turtle.done()                 # 海龟绘图程序的结束语句
```

运行程序，在打开的窗口中，将快速绘制一把彩虹伞，如图10.6所示。

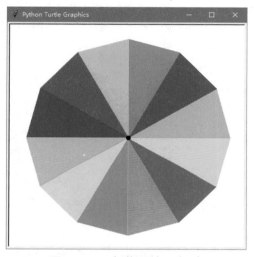

图10.6　改进后的彩虹伞

 英语角

cos

余弦

side

边、身边、旁、支持、站在……的
一边、旁边、侧面

radian

弧度制、弧度、弧度角、将角度转
换为弧度

已知直角三角形斜边和底角，求另外两条边

已知直角三角形的斜边和一个底角的角度，可以求出另外两条边的长度，具体公式如下：

$$已知底角的对边 = 斜边 \times \sin（底角角度）$$
$$已知底角的邻边 = 斜边 \times \cos（底角角度）$$

设斜边长为 r，底角角度为 a，则两条边的长度计算公式如图10.7所示。

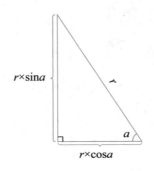

图10.7　求除斜边外的两条边的长度

将角度转换为弧度

功能：使用 math 模块提供的 radians() 方法可以将角度转换为弧度。

语法：

```
math.radians(x)
```

x：指定的数值，表示角度。

举例：将60度（角度）转换为弧度，代码如下：

```
01  import math            # 导入数学函数
02  print(math.radians(60))    # 输出60度的弧度值
```

运行上面的代码，将显示如图10.8所示的结果。

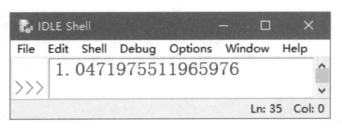

图10.8 输出60度的弧度值

 说明

角度和弧度都是度量角的单位，平时，我们说的角的度数，一般是指角度，比如，平角180度，就是指180角度。在Python中，求余弦或正弦值时，需要通过弧度计算，所以，这里我们介绍了将角度转换为弧度的方法。此节内容同学们知道怎么用即可。

求余弦值

功能：使用math模块提供的cos()方法可以求一个弧度的余弦值。

语法：

```
math.cos(x)
```

x：指定的数值（弧度）。

返回值：返回x弧度的余弦值。

举例：求60度（弧度）的余弦值，代码如下：

```
01  import math              # 导入数学函数
02  print(math.cos(60))      # 输出余弦值
```

运行上面的代码，将显示如图10.9所示的结果。

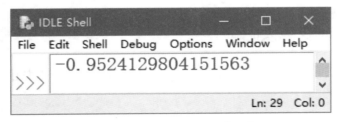

图10.9 输出余弦值（一）

说明

　　因为这里的60度不是弧度，所以求60度（角度）的余弦值时，需要先将60角度转换为弧度再求值，代码如下：

```
01  import math                               # 导入数学函数
02  print(math.cos(math.radians(60)))         # 输出余弦值
03  print(round(math.cos(math.radians(60)),2)) # 四舍五入后输出余弦值
```

　　运行上面的代码，将显示如图10.10所示的结果。

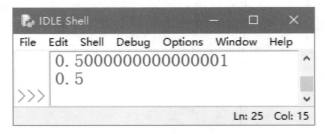

图 10.10　输出余弦值（二）

多学两招

　　在math模块中，还提供了sin()方法，用于求弧度的正弦值，其用法与cos()方法一致。

💻 **任务一：渐变色太阳伞**

　　本任务要求应用海龟绘图模块绘制一把渐变效果的太阳伞，效果如图10.11所示。

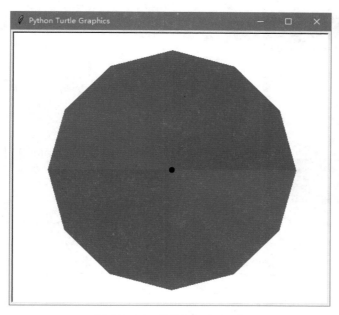

图 10.11　渐变色太阳伞

💻 任务二：横向条纹的彩虹伞

本任务要求应用海龟绘图模块绘制一把横向条纹的彩虹伞，效果如图 10.12 所示。

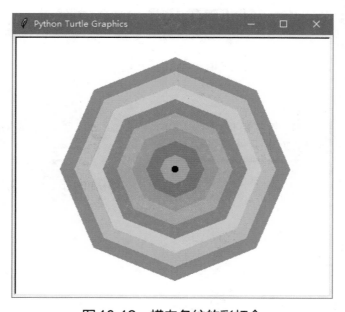

图 10.12　横向条纹的彩虹伞

设置画笔的速度：turtle.speed( )

设置动画延迟时间：turtle.delay()

设置 x 坐标：turtle.setx()

设置 y 坐标：turtle.sety()

turtle模块

for循环语句

运算符

求余弦值：math.cos()

将角度转换为弧度：math.radians()

求正弦值：math.sin()

Python

数学

已知直角三角形的斜边和底角，求另外两条边

角度的对边 = 斜边 × sin(角度)

角度的邻边 = 斜边 × cos(角度)

海龟变形记

 本课学习目标

◆ 掌握如何改变画笔的形状

◆ 学会印制一个海龟形状

◆ 学会设置画笔形状为GIF图片

扫描二维码
获取本课资源

在前面的漫画中，圆圆发现了北斗七星。那么我们本课来绘制一幅北斗七星的图案。我们要怎么实现呢？

我们可以让小海龟依次爬出每一颗星星。

你这种方法代码太长了，不信你试试。今天我要告诉你一种新方法，即先绘制想要的形状，然后，将其定义为画笔形状，之后让小海龟在屏幕的指定位置留下印记。

要通过乐乐说的这种方法实现，主要有以下两项重要内容。

① 定义画笔形状。在海龟绘图中，定义画笔形状主要由以下步骤完成：

- 开始记录图形：turtle.begin_poly()。
- 编写绘制形状的代码。
- 结束记录图形：turtle.end_poly()。
- 获取形状（shape）对象：p = turtle.get_poly()。
- 定义为画笔形状：turtle.addshape('mr',p)。
- 设置使用新定义的画笔形状：turtle.shape('mr')。

② 在指定位置留下印记。在海龟绘图中，使用stamp()方法，可以在海龟当前位置绘制一个海龟形状。该形状绘制后不影响海龟再继续移动。

我们应该如何在夜空中摆出北斗七星呢？

这里主要是计算摆放的位置，可以借助方格图来完成。这时可以先在方格图中标记出每颗星星的位置，注意这里的位置尽量接近整数，这样方便后期计算位置。可以参考如图11.1所示的形式。

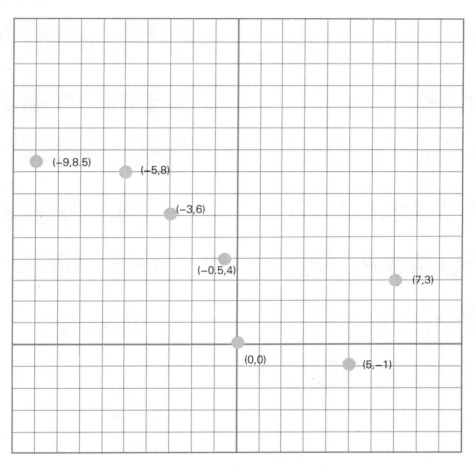

图11.1　绘制北斗七星示意图

针对任务探秘的分析，我们得出该程序只需要先定义画笔形状为星星，再按顺序绘制各个星星组成北斗七星即可，具体实现流程如图11.2所示。

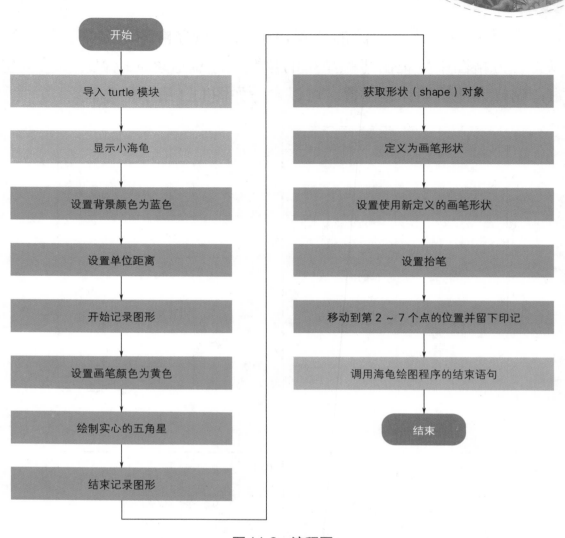

图11.2 流程图

编程实现

创建一个Python文件，在该文件中，按以下步骤编写代码：

第1步 导入turtle模块，并设置显示海龟光标、背景颜色、单位距离。

第2步 开始记录图形，并且绘制黄色的星星，绘制完成后结束记录图形。

第3步 获取形状对象并定义和使用新的画笔形状。

第4步 使用该画笔绘制剩下的6颗星星，并调用海龟绘图程序的结束语句。

代码如下：

```
01  import turtle              # 导入海龟绘图模块
02  turtle.shape('turtle')     # 显示海龟光标
03  turtle.bgcolor('blue')     # 设置背景颜色为蓝色
04  num = 30                   # 单位距离（每个格子代表的像素数）
05  turtle.begin_poly()        # 开始记录图形
06  turtle.color('yellow')     # 设置边框和填充的颜色
07  side = 20                  # 边长
08  turtle.begin_fill()        # 开始填充
09  # 绘制实心的五角星
10  for i in range(5):
11      turtle.forward(side)   # 边长
12      turtle.left(180-180/5) # 旋转角度
13  turtle.end_fill()          # 结束填充
14  turtle.end_poly()          # 结束记录图形
15  p = turtle.get_poly()      # 获取 shape 对象
16  turtle.addshape('star',p)  # 定义为画笔形状
17  turtle.shape('star')       # 设置使用新定义的画笔形状
18  # 绘制北斗七星
19  turtle.penup()             # 抬笔
20  turtle.goto(5*num,-1*num)  # 移动到第2个点
21  turtle.stamp()             # 留下印记
22  turtle.goto(7*num,3*num)   # 移动到第3个点
23  turtle.stamp()             # 留下印记
24  turtle.goto(-0.5*num,4*num) # 移动到第4个点
25  turtle.stamp()             # 留下印记
26  turtle.goto(-3*num,6*num)  # 移动到第5个点
27  turtle.stamp()             # 留下印记
28  turtle.goto(-5*num,8*num)  # 移动到第6个点
29  turtle.stamp()             # 留下印记
30  turtle.goto(-9*num,8.5*num) # 移动到第7个点
31  turtle.stamp()             # 留下印记
32  turtle.done()              # 海龟绘图程序的结束语句
```

测试程序

运行程序，在打开的窗口中，可以看见一只小海龟不停地爬行，直到在屏幕上画出如图11.3所示的北斗七星图案。

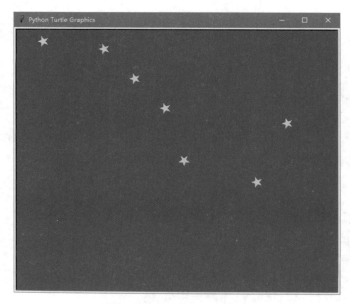

图11.3　绘制北斗七星

优化程序

细心的同学可能发现了，在上面的代码中，从20行到31行代码是有一定规律的，即每两行代码一个循环，所不同的是**goto()**方法的参数。针对这样的代码，我们可以通过循环来实现。即将**goto()**方法的两个参数放在一个列表中，再将这些列表放到一个大的列表中。修改后的代码如下：

```
01  import turtle          # 导入海龟绘图模块
02  turtle.shape('turtle')  # 显示海龟光标
03  turtle.bgcolor('blue')  # 设置背景颜色为蓝色
04  num = 30                # 单位距离（每个格子代表的像素数）
05  turtle.begin_poly()     # 开始记录图形
06  turtle.color('yellow')  # 设置边框和填充的颜色
07  side = 20               # 边长
08  turtle.begin_fill()     # 开始填充
```

```
09   # 绘制实心的五角星
10   for i in range(5):
11        turtle.forward(side)          # 边长
12        turtle.left(180-180/5)        # 旋转角度
13   turtle.end_fill()                  # 结束填充
14   turtle.end_poly()                  # 结束记录图形
15   p = turtle.get_poly()              # 获取 shape 对象
16   turtle.addshape('star',p)          # 定义为画笔形状
17   turtle.shape('star')               # 设置使用新定义的画笔形状
18   # 绘制另外六颗星
19   turtle.penup()                     # 抬笔
20   pos=[[5,-1],[7,3],[-0.5,4],[-3,6],[-5,8],[-9,8.5]]
21   for i in range(6):
22        turtle.goto(pos[i][0]*num,pos[i][1]*num) # 移动到第i个点
23        turtle.stamp()                # 留下印记
24   turtle.done()                      # 海龟绘图程序的结束语句
```

运行程序，将看到如图11.3相同的效果。

 说明

五角星的内角 =180° ÷ 5=36°。

 英语角

polys
多、多边形

add
添加、加、增加、继续说

get
收到、接到、获得、得到

shape
形状、外形、样子、状况、情况

stamp
邮票、印、章、戳、印记、印花

star
明星、星、恒星、星号

画笔初始形状

功能： 修改画笔形状，在海龟绘图中，默认的画笔形状为箭头。

语法：

```
turtle.shape(name='name')
```

name：可选参数，用于指定形状名。常用的形状名有arrow（向右的等腰三角形）、turtle（海龟）、circle（实心圆）、square（实心正方形）、triangle（向右的正三角形）或classic（箭头）等6种，如图11.4所示。

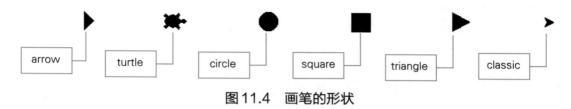

图11.4　画笔的形状

 说明

画笔的形状设置后，如果不改变为其他形状，那么会一直有效。

举例： 先获取当前的画笔形状，然后将画笔形状修改为实心圆，再获取画笔的形状，代码如下：

```
01  import turtle                        # 导入海龟绘图模块
02  print('修改前：',turtle.shape())     # 获取当前画笔形状
03  turtle.shape(name = 'circle')        # 设置当前画笔形状为实心圆
04  print('修改后：',turtle.shape())     # 获取修改后画笔形状
05  turtle.done()                        # 海龟绘图程序的结束语句
```

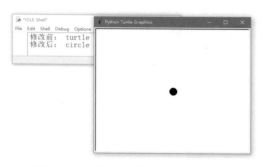

运行程序，将显示如图11.5所示的效果。

图11.5　改变并获取画笔的形状

将绘制的图形定义为画笔形状

在海龟绘图中，除了可以使用默认提供的几种光标样式，还可以将绘制的图形定义为画笔形状。其主要由以下步骤完成：

第1步 开始记录图形。使用begin_poly()方法实现，该方法没有参数。参考代码如下：

```
turtle.begin_poly()
```

第2步 编写绘制形状的代码，此处根据需要进行编写即可。

第3步 结束记录图形。使用end_poly()方法实现，该方法没有参数。参考代码如下：

```
turtle.end_poly()
```

第4步 获取形状（shape）对象。使用get_poly()方法实现，该方法没有参数。参考代码如下：

```
p = turtle.get_poly()
```

第5步 定义为画笔形状。使用addshape()方法实现。其语法格式如下：

```
turtle.addshape(name, shape)
```

name：必选参数，用于为画笔形状定义名称，在使用该画笔形状时使用。

shape：可选参数，用于指定获取的图像形状对象。

举例：将上面获取到的shape对象p定义为画笔形状，并且命名为star，可以使用下面的代码。

```
turtle.addshape('star',p)
```

绘制一个正八边形，并定义为画笔形状，代码如下：

```
06  import turtle              # 导入海龟绘图模块
07  turtle.color('green')     # 设置画笔颜色为绿色
08  turtle.begin_poly()       # 开始记录图形
09  turtle.circle(100,steps=8) # 绘制正八边形
10  turtle.end_poly()         # 结束记录图形
11  p = turtle.get_poly()     # 获取shape对象
12  turtle.addshape('mr',p)   # 定义为画笔形状
13  turtle.shape('mr')        # 设置使用新定义的画笔形状
14  for i in range(20):       # 循环20次
15      turtle.left(90)       # 逆时针旋转90度
16  turtle.done()             # 海龟绘图程序的结束语句
```

运行程序，在屏幕上先绘制一个绿色的正八边形，然后作为画笔形状的绿色实心正八边形逆时针旋转5圈后停止，如图11.6所示。

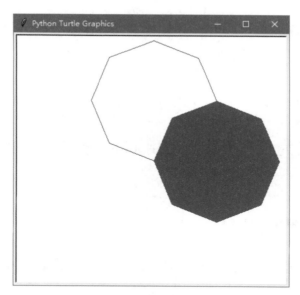

图11.6　定义画笔形状为正八边形

从图11.6中可以看出，自定义画笔形状时，无论原始图形是否为填充图形，设置为画笔形状时，都会被填充为当前画笔颜色。

将指定的GIF文件作为画笔的形状

功能： 将指定的GIF文件作为画笔的形状。

语法：

```
turtle.addshape(name, shape=None)
```

name：必选参数，GIF文件名称字符串。

shape：指定获取的图像形状对象为None。

举例： 定义画笔的形状为如图11.7所示的GIF图片。

```
01  import turtle                           # 导入海龟绘图模块
02  turtle.addshape('mr.gif',shape=None)    # 定义形状
03  turtle.shape('mr.gif')                  # 使用形状
04  turtle.done()                           # 海龟绘图程序的结束语句
```

将mr.gif与当前的Python文件放置在同级目录下，运行上面的代码，效果如图11.8所示。

图11.7　GIF图片

图11.8　显示为画笔形状

说明

　　由于当海龟转向时图像形状不会转动，因此无法显示海龟的朝向。在原地旋转时，将看不出图像形状转动。

印制一个海龟形状

功能： 当前光标处印制一个印章（海龟形状），该印章不会跟随海龟光标移动。

语法：

```
stampid = turtle.stamp()
```

stampid：返回的当前印章的ID。通过该ID可以清除该印章。

 说明

清除印章可以使用clearstamp()方法。例如，清除ID为stampid的印章，代码如下：

```
turtle.clearstamp(stampid)
```

举例：在当前光标位置印制一枚印章，代码如下：

```
stampid = turtle.stamp()
```

设置海龟形状的大小

功能：设置海龟形状的大小。

语法：

```
turtle.shapesize(stretch_wid, stretch_len, outline)
```

stretch_wid：必选参数，用于指定y轴上的拉伸因子，即垂直于朝向的宽度拉伸因子。

stretch_len：可选参数，用于指定x轴上的拉伸因子，即平行于朝向的长度拉伸因子。

outline：可选参数，用于指定轮廓线的粗细。

 说明

当stretch_wid和stretch_len参数只给出一个时，将自动进行等比例缩放。

举例：将海龟形状的大小设置为放大到默认大小的5倍，代码如下：

```
01  import turtle              # 导入海龟绘图模块
02  turtle.shape(name = 'circle')    # 设置当前画笔形状为实心圆
03  turtle.penup()            # 抬笔
04  turtle.color('red')        # 设置画笔颜色
```

```
05  turtle.stamp()                    # 留下印章
06  turtle.shapesize(5)               # 设置形状大小
07  turtle.forward(100)               # 前进100像素
08  turtle.stamp()                    # 留下印章
09  turtle.done()                     # 海龟绘图程序的结束语句
```

运行程序，将显示两个不同大小的红色实心圆，如图11.9所示。

图11.9　不同大小的海龟形状

💻 任务一：随机画多彩泡泡

本任务要求应用海龟绘图在屏幕上绘制100个大小和颜色都随机的多彩泡泡，效果如图11.10所示。

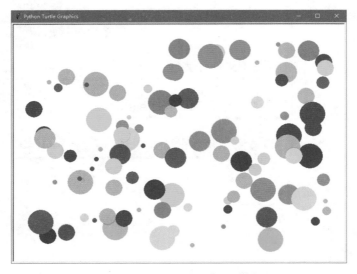

图11.10　随机画多彩泡泡

任务二：绘制七彩花环

本任务要求应用海龟绘图绘制七彩花环，效果如图11.11所示。（提示：定义画笔形状时只需在抬笔状态下绘制出轮廓，不需要落笔和填充。）

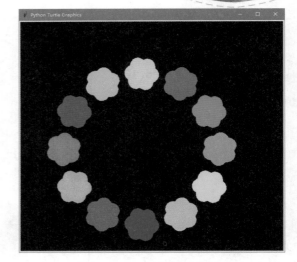

图11.11 绘制七彩花环

知识卡片

turtle模块
- 修改画笔形状：turtle.shape()
- 定义为画笔形状
  - 开始记录图形：turtle.begin_poly()
  - 结束记录图形：turtle.end_poly()
  - 获取形状对象：turtle.get_poly()
  - 定义为画笔形状：turtle.addshape()
- 将GIF文件作为画笔的形状：turtle.addshape()
- 印制一个印章：turtle.stamp()
- 设置海龟形状的大小：turtle.shapesize()

Python
- for循环语句
- 运算符

第12课
完美谢幕

时间过得好快呀！这学期马上结束了。

是呀，这最后一课我们学习什么呢？

还剩下最后一课了！

这一课我们轻松点，让小海龟和我们告个别。

告别？怎么告别呀？

让小海龟给我们来个烟花表演吧！

好呀！也算给我们这学期的学习生活画个圆满的句号。

本课学习目标

◆ 学会清空屏幕上的绘图的3种方法

◆ 学会关闭窗口

◆ 掌握让程序休眠指定的时间的方法

扫描二维码
获取本课资源

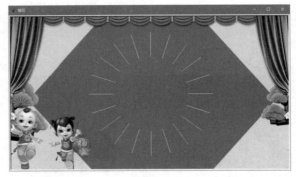

图12.1 绽放烟花效果

任务探秘

让小海龟完美谢幕，实际上，实现的是在打开的窗口中，先绽放烟花，过一会儿再自动关闭当前窗口。如图12.1所示。

可以通过以下步骤实现。

① 绘制烟花。绘制烟花时，主要通过旋转并绘制指定长度的线实现。可以参照下面的步骤实现。

第1步 绘制第1层（青色线）。

先从原点开始绘制一条长度为20像素的青色线，并让小海龟"飞"回到原点。然后向右旋转18度，再绘制一条长度为20像素的青色线，并让小海龟"飞"回到原点。依此类推，直到画满一周（360度），即完成第1层的绘制。

第2步 绘制第2层（橙色线）。

第2层的线需要分两段绘制，第一段小海龟"飞"到第1层的边缘，然后再绘制长度为40像素的橙色线，并让小海龟返回到原点，依此类推，完成第2层的绘制。

第3步 按照第2层的方法绘制第3层绿色的线和第4层红色的线。整体绘制过程如图12.2所示。

说明

为了体现烟花绽放的效果，在绘制前3层时每绘制完一层后，还需要清空舞台上绘制的图案（不影响海龟状态和位置），可以通过clear()方法实现，并且在绘制完最后一层时，需要重置海龟绘图，可以通过reset()方法实现。每绘制完一层时，屏幕上显示的效果如图12.3所示。

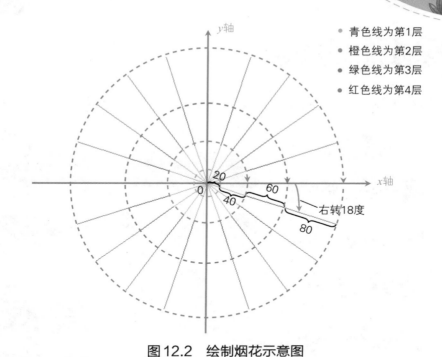

图12.2 绘制烟花示意图

第1层　　　第2层　　　　第3层　　　　　　第4层

图12.3 每一层的分解效果

② 绽放烟花。绽放烟花有一个特点就是速度快，按照小海龟默认的速度来绘制，就达不到烟花绽放的效果了，所以需要使用speed()和delay()方法让小海龟提速。通过将这两个方法的参数都设置为0可以让动画快速完成，从而达到烟花绽放的效果。

 说明

> speed()方法可以设置画笔速度；delay()方法可以设置动画延迟时间。

③ 自动关闭舞台场景。在烟花绽放20次后，自动关闭舞台，这可以通过海龟绘图的bye()方法实现。

根据任务探秘，可以得出如图12.4所示的流程图。

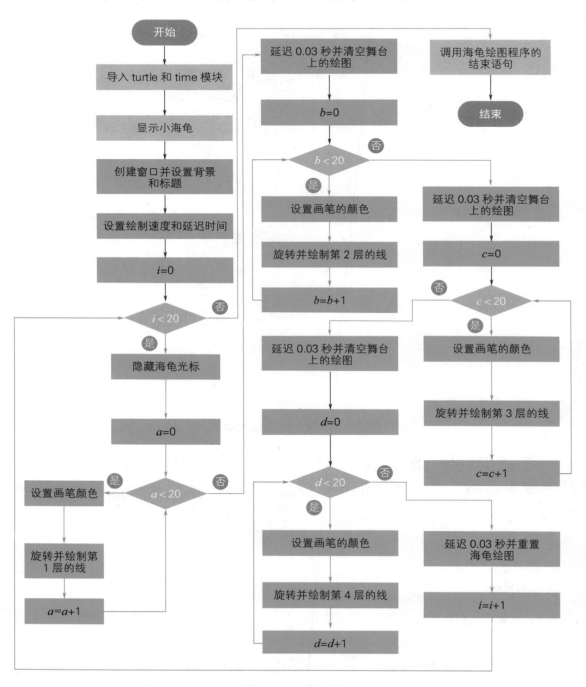

图12.4 流程图

编程实现

创建一个Python文件，在该文件中，按以下步骤编写代码：

第1步 导入turtle和time模块，并显示海龟光标。

第2步 设置窗口大小和位置、标题、背景图片。

第3步 通过嵌套的for循环绘制不停绽放的烟花。

第4步 调用海龟绘图程序的结束语句。

代码如下：

```
01  import turtle                              # 导入海龟绘图模块
02  import time                                # 导入时间模块
03  turtle.shape('turtle')                     # 显示海龟光标
04  turtle.setup(width=900, height=500, startx=450, starty=250)
                                               # 创建指定大小的窗口
05  turtle.bgpic('pic/春节.png')               # 设置窗口背景图片
06  turtle.title('烟花')
07  turtle.speed(0)                            # 设置绘制速度为最快
08  turtle.delay(0)                            # 设置延迟时间
09  for i in range(20):
10      turtle.ht()                            # 隐藏海龟光标
11      for a in range(20):
12          turtle.color('cyan')               # 设置烟花颜色为青色
13          turtle.forward(20)                 # 前进20像素（画线）
14          turtle.penup()                     # 抬笔
15          turtle.goto(0, 0)
16          turtle.pendown()                   # 落笔
17          turtle.right(18)                   # 顺时针旋转18度
18      time.sleep(0.03)                       # 延迟0.03秒
19      turtle.clear()                         # 清空舞台上的海龟绘图
20      for b in range(20):
21          turtle.color('orange')             # 设置烟花颜色为橙色
22          turtle.penup()                     # 抬笔
23          turtle.forward(20)                 # 前进20像素（不画线）
24          turtle.pendown()                   # 落笔
```

```
25          turtle.forward(40)          # 前进40像素（画线）
26          turtle.penup()              # 抬笔
27          turtle.goto(0, 0)           # 移动到原点
28          turtle.pendown()            # 落笔
29          turtle.right(18)            # 顺时针旋转18度
30       time.sleep(0.03)               # 延迟0.03秒
31    turtle.clear() # 清空舞台上的海龟绘图（不影响海龟状态和位置等）
32    for c in range(20):
33          turtle.color('green')       # 设置烟花颜色为绿色
34          turtle.penup()              # 抬笔
35          turtle.forward(60)          # 前进60像素（不画线）
36          turtle.pendown()            # 落笔
37          turtle.forward(60)          # 前进60像素（画线）
38          turtle.penup()              # 抬笔
39          turtle.goto(0, 0)           # 移动到原点
40          turtle.pendown()            # 落笔
41          turtle.right(18)            # 顺时针旋转18度
42       time.sleep(0.03)               # 延迟0.03秒
43    turtle.clear()                    # 清空舞台上的海龟绘图（不影响海龟状态和位置等）
44    for d in range(20):
45          turtle.color('red') # 设置烟花颜色为红色
46          turtle.penup()              # 抬笔
47          turtle.forward(120)         # 前进120像素（不画线）
48          turtle.pendown()            # 落笔
49          turtle.forward(80)          # 前进80像素（画线）
50          turtle.penup()              # 抬笔
51          turtle.goto(0, 0)           # 移动到原点
52          turtle.pendown()            # 落笔
53          turtle.right(18)            # 顺时针旋转18度
54       time.sleep(0.03)               # 延迟0.03秒
55    turtle.reset()                    # 重置海龟绘图
56 else:                                # 循环结束后，关闭当前窗口
57    turtle.bye()                      # 关闭海龟绘图窗口
```

说明

在上面的代码中，31～54行代码为绘制第3层和第4层烟花的，同学们可以自行选择是否输入，如果课堂上时间来不及，可以暂时不输入，然后在课后将其补充完整。

测试程序

运行程序，可以看到窗口中有一束由小变大的烟花不停绽放。等一段时间后，整个窗口将自动关闭。效果如图12.5所示。

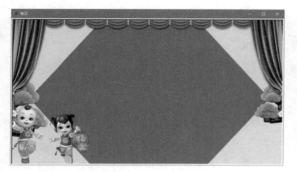

图12.5　烟花绽放后谢幕（关闭窗口）

优化程序

细心的同学应该发现，在绘制绽放的烟花时，有4个**for**循环的代码是有一定规律的，所以，我们可以通过两个嵌套的**for**循环实现。修改后的代码如下：

```
01  import turtle                                # 导入海龟绘图模块
02  import time                                  # 导入时间模块
03  turtle.shape('turtle')                       # 显示海龟光标
04  turtle.setup(width=900, height=500, startx=450, starty=250)
                                                 # 创建指定大小的窗口
05  turtle.bgpic('pic/春节.png')                 # 设置窗口背景图片
06  turtle.title('烟花')
07  turtle.speed(0)                              # 设置绘制速度
08  turtle.delay(0)                              # 设置延迟时间
09  color = ['cyan', 'orange', 'green', 'red']   # 颜色列表
10  numlist = [0,20,40,60,120]
11  for i in range(20):
12      turtle.ht()                              # 隐藏海龟光标
13      for j in range(4):
14          for k in range(20):
15              turtle.color(color[j])           # 设置烟花颜色
16              turtle.penup()                   # 抬笔
```

```
17          turtle.forward(numlist[j])        # 前进指定像素（不画线）
18          turtle.pendown()                  # 落笔
19          turtle.forward(numlist[j+1])
                                              # 前进指定像素（画线）
20          turtle.penup()                    # 抬笔
21          turtle.goto(0, 0)                 # 移动到原点
22          turtle.pendown()                  # 落笔
23          turtle.right(18)                  # 顺时针旋转18度
24      time.sleep(0.03)                      # 延迟0.03秒
25      if j == 3:
26          turtle.reset()                    # 重置海龟绘图
27      else:
28          turtle.clear()                    # 清空舞台上的海龟绘图（不影响海龟
     状态和位置等）
29  else:                                     # 循环结束后，关闭当前窗口
30      turtle.bye()                          # 关闭海龟绘图窗口
```

运行程序，将看到和图12.5相同的效果。

reset	**clear**
调整、重新设置、重新安置、将……恢复原位	清理、清除、使人离开、清楚的、明确的
bye	**time**
轮空、再见、再会	时间、钟点、时刻、时期、次、拍子、计时
sleep	
睡觉、入睡、睡眠、睡眠时间	

清空屏幕上的绘图

在海龟绘图中，清空屏幕上的绘图有3个方法，如图12.6所示。

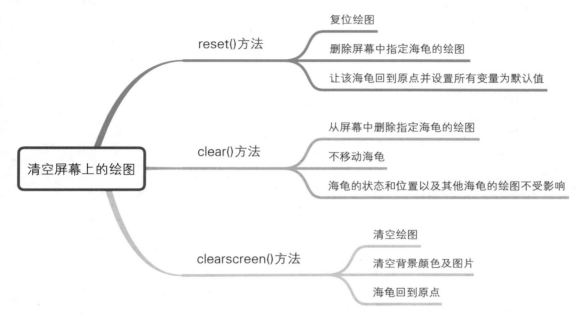

图12.6　清空屏幕上的绘图的3种方法及区别

举例：删除屏幕上海龟的绘图，并让它回到原点，可以使用以下代码：

```
turtle.reset()
```

删除屏幕上海龟的绘图，并让它在原地不动，可以使用以下代码：

```
turtle.clear()
```

删除屏幕上所有海龟的绘图，并让它回到原点，可以使用以下代码：

```
turtle.clearscreen()
```

关闭窗口

功能：关闭海龟绘图窗口。

语法：

```
turtle.bye()
```

举例：在绘制图形后，直接关闭当前窗口，代码如下：

```
turtle.bye()
```

 说明

在海龟绘图中，也可以使用exitonclick()方法实现单击鼠标左键时关闭窗口。

让程序休眠指定时间

功能：让程序休眠指定的时间（单位为秒）。休眠是指让程序推迟多长时间再继续执行。

语法：

```
time.sleep(secs)
```

secs：休眠执行的时间，单位为秒。如果想定时毫秒，可以使用小数，以指示更精确的暂停时间，0.1秒则代表暂停100毫秒。

举例：想要实现在程序运行后，延迟10秒再输出提示文字"人生苦短，我用Python！"，可以使用下面的代码。

```
01  import time          # 导入time模块
02  time.sleep(10)       # 延迟10秒
03  print('人生苦短，我用Python！')
```

运行程序，可以看到在IDLE Shell窗口，首先显示空白，等待10秒后，显示文字"人生苦短，我用Python！"。最终显示结果如图12.7所示。

人生苦短，我用Python！

图12.7　最终显示结果

挑战空间

任务一：绘制彩虹漩涡

本任务要求应用海龟绘图在屏幕上循环绘制10次彩虹漩涡后关闭海龟绘图窗口，效果如图12.8所示。

图12.8　彩虹漩涡

任务二：绘制闪烁的星星

本任务要求应用海龟绘图绘制一颗不断闪烁的星星，并且在闪烁20次后窗口自动关闭，效果如图12.9所示。

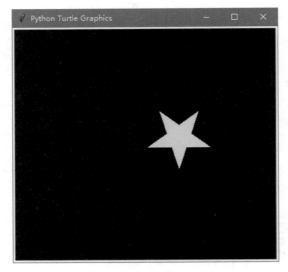

图12.9 闪烁的星星

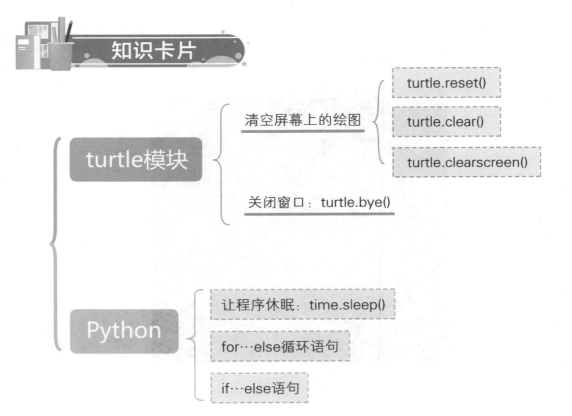

Python 的下载、安装与使用

1. 下载 Python 安装包

在 Python 的官方网站中，可以很方便地下载 Python 的开发环境，具体下载步骤如下：

（1）打开浏览器（如谷歌浏览器），在地址栏输入"https://www.python.org"，按下 \<Enter\> 键后进入 Python 官方网站，将鼠标移动到"Downloads"菜单上，单击"Windows"菜单项，进入详细的下载列表，如图 1 所示。

Stable Releases

- Python 3.10.3 - March 16, 2022

  Note that Python 3.10.3 *cannot* be used on Windows 7 or earlier.

  - Download Windows embeddable package (32-bit)
  - Download Windows embeddable package (64-bit)
  - Download Windows help file
  - Download Windows installer (32-bit)
  - Download Windows installer (64-bit)

Pre-releases

- Python 3.11.0a6 · March 7, 2022

  - Download Windows embeddable package (32-bit)
  - Download Windows embeddable package (64-bit)
  - Download Windows help file
  - Download Windows installer (32-bit)
  - Download Windows installer (64-bit)
  - Download Windows installer (ARM64)

图 1　适合 Windows 系统的最新版 Python 下载列表

（2）在如图 1 所示的详细下载列表中，列出了 Python 提供的各个版本的下载链接。读者可以根据需求下载对应的版本，点击即可下载。

 说明

> 在如图 1 所示的列表中，带有"32-bit"字样的，表示该安装包是在 Windows 32 位系统上使用的；带有"64-bit"字样的，则表示该安装包是在 Windows 64 位系统上使用的；另外，Python 的版本是不断变化的，但在图 1 所示页面中往下滚动，可以看到旧版本的下载链接，建议下载最新的版本学习。

（3）下载完成后，浏览器会自动提示"此类型的文件可能会损害您的计算机。您仍然要保留 python-3.10-am64.exe 吗？"此时，单击

"保留"按钮，保留该文件即可。

2.Windows 64位系统上安装Python

在Windows 64位系统上安装Python的步骤如下：

（1）双击下载后得到的安装文件python-3.10.0-amd64.exe，将显示安装向导对话框，选中"Add Python 3.10 to PATH"复选框，让安装程序自动配置环境变量。如图2所示。

图2　Python安装向导

（2）单击"Customize installation"按钮，在弹出的"安装选项"对话框中采用默认设置，单击Next按钮，将打开"高级选项"对话框，在该对话框中，设置安装路径为"G:\Python"（建议Python的安装路径不要放在操作系统的安装路径，否则一旦操作系统崩溃，在Python路径下编写的程序将非常危险），其他采用默认设置，如图3所示。

图3　"高级选项"对话框

（3）单击Install按钮，开始安装Python，等待安装完成即可。

3.测试Python是否安装成功

Python安装成功后，需要检测Python是否成功安装。例如，在Windows 10系统中检测Python是否成功安装，可以单击Windows 10系统的开始菜单，在桌面左下角"搜索程序和文件"文本框中输入cmd命令，然后按下<Enter>键，启动命令行窗口，在当前的命令提示符后面输入"python"，并且按<Enter>键，如果出现如图4所示的信息，则说明Python安装成功，同时也进入到交互式Python解释器中。

```
C:\Users\Administrator>python
Python 3.10.0 (tags/v3.10.0:b494f59, Oct  4 2021, 19:00:18) [MSC v.1929 64 bit (AMD64)] on win32
Type "help", "copyright", "credits" or "license" for more information.
>>>
```

图4　在命令行窗口中运行的Python解释器

4.解决提示"'python'不是内部或外部命令……"

在命令行窗口中输入"python"命令后，显示"'python'不是内部或外部命令，也不是可运行的程序或批处理文件"，如图5所示。

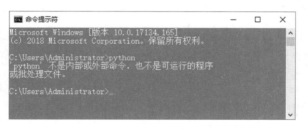

图5　输入python命令后出错

出现该问题的原因是在当前的路径中，找不到Python.exe可执行程序，具体的解决方法是配置环境变量，这里以Windows 10系统为例介绍配置环境变量的方法，具体如下：

在"此电脑"图标上单击鼠标右键，然后在弹出的快捷菜单中执行"属性"命令，并在弹出的"系统"对话框中单击"高级系统设置"超链接，单击"环境变量"按钮，将弹出"环境变量"对话框，在"Administrator的用户变量"中，单击"新建"按钮，将弹出"新建用户变量"对话框，如图6所示，在"变量名"所对应的编辑框中输入"Path",然后在"变量值"所对应的编辑框中输入"G:\Python\;G:\Python\Scripts;"变量值。

图6　创建用户变量

注意

　　最后的";"不要丢掉,它用于分割不同的变量值。另外,G盘为笔者安装Python的路径,读者可以根据计算机实际情况进行修改。

设置完成后,依次单击"确定"按钮即可。

5.打开IDLE并编写代码

在安装Python后,会自动安装一个IDLE,它是一个Python Shell(可以在打开的IDLE窗口的标题栏上看到),也就是一个通过键入文本与程序交互的途径,程序开发人员可以利用Python Shell与Python交互。下面将详细介绍如何使用IDLE开发Python程序。

打开IDLE时,可以单击Windows10系统的开始菜单图标,然后依次选择"所有程序"→"Python 3.10"→"IDLE (Python 3.10 64-bit)"菜单项,即可打开IDLE窗口,如图7所示。

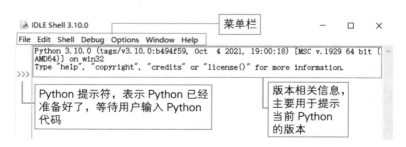

图7　IDLE主窗口

(1)在IDLE主窗口的菜单栏上,选择File→New File菜单项,将打开一个新窗口,在该窗口中,可以直接编写Python代码,并且输入一行代码后再按下〈Enter〉键，将自动换到下一行，等待继续输入，如图8所示。

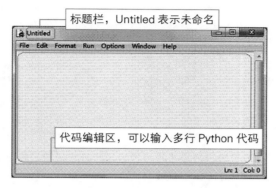

图8　新创建的Python文件窗口

（2）例如，在代码编辑区中编写"hello world"程序，代码如下：

```
print(''hello world'')
```

编写完成的代码效果如图9所示。按下快捷键〈Ctrl +S〉保存文件，这里将其保存为demo.py。其中的.py是Python文件的扩展名。然后按<F5>键即可运行程序。

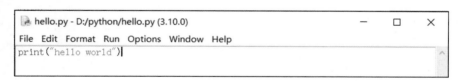

图9　代码编写完的效果

如何使用本书

本书分上、下册，共 24 课，每课基本学习顺序是一样的，先从开篇漫画开始，然后按照任务探秘、规划流程、探索实践、学习秘籍和挑战空间的顺序循序渐进地学习，最后是知识卡片。如果"探索实践"部分内容有些不理解，可以先继续往后学习，等学习完"学习秘籍"的内容后，你就会豁然开朗。学习顺序如下：（本书学习过程中需要使用Python，可以参考上册附录，下载并安装Python。）

小勇士，
快来挑战吧！

开篇漫画
知识导引

任务探秘
任务描述
预览任务效果

规划流程
理清思路

探索实践
编程实现
测试程序
优化程序

学习秘籍
探索知识
学科融合

挑战空间
挑战巅峰

知识卡片
思维导图总结

互动平台——一键扫码、互动学习

微课视频——解除困惑、沉浸式学习

资源结构

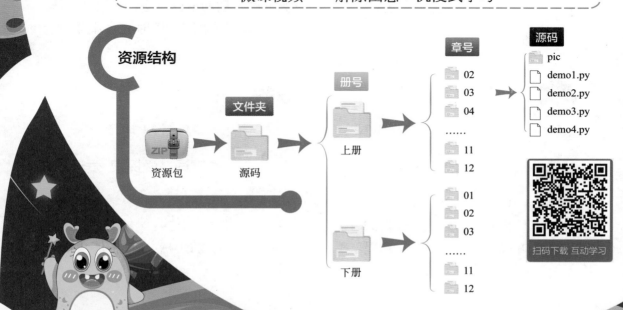

ZIP
资源包

文件夹
源码

册号
上册
下册

章号
02
03
04
......
11
12
01
02
03
......
11
12

源码
pic
demo1.py
demo2.py
demo3.py
demo4.py

扫码下载 互动学习

人物介绍

一天傍晚，依林小镇东方的森林里出现一个深坑，从造型奇特的飞行器中走出几个外星人，来自外太空的卡洛和他的小伙伴们就这样带着对地球的好奇在小镇生活下来。

卡洛（仙女星系）

关键词：机灵 呆萌

来自距地球254万光年的仙女星系，对地球的一切都很感兴趣，时而聪明，时而呆萌，乐于助人。

圆圆（盾牌座UY）

关键词：正义 可爱

来自一颗巨大的恒星：盾牌座UY，活泼可爱，有点娇气，虽然偶尔在学习上犯小迷糊，但正义感十足。

木木（木星）

关键词：爱创造 憨厚

性格憨厚，总因为抵挡不住美食诱惑而闹笑话，但对于数学难题经常有令人惊讶的新奇解法。

小明（明日之星）

关键词：智慧 乐观

充满智慧，学习能力强，总能让难题迎刃而解。精通编程算法，有很好的数学思维和逻辑思维。平时有点小骄傲。

精奇博士（地球）

关键词：博学 慈爱

行走的"百科全书"，无所不知，喜欢钻研。经常教给小朋友做人的道理和有趣的编程、数学知识。

乐乐（地球）

关键词：爱探索 爱运动

依林小镇的小学生，喜欢天文、地理；爱运动，尤其喜欢玩滑板。从小励志成为一名伟大的科学家。

◄◄◄

目录